例題で学ぶ

はじめての自動制御

臼田昭司 著

技術評論社

本書は、2004 年に日刊工業新聞社から刊行された『読むだけで力がつく　自動制御入門』に最新の情報を大幅に追加して改訂したものです。

はじめに

自動制御はありとあらゆるところで活躍しています。身近な家電製品をはじめとして工場の生産現場、水道施設などの監視システムなど数え切れないほど多くの用途があります。

本書は、自動制御の代表的な制御方式であるフィードバック制御の入門書であり、もう一度勉強したい読者のための入門書です。例題を解きながら理解を深めます。

本書は3部構成になっています。第1部はフィードバック制御の基本からボード線図の作成方法、ボード線図に基づいた安定判別法について説明します。第2部は、自動制御についてもう少し深く勉強してみたいという方のために、一歩進めて"システム制御"という切り口で、伝達関数表現に必要不可欠なラプラス変換とその使い方、伝達関数表現と対象的な状態変数表現、根軌跡法の作図法について説明します。第3部は、自動制御の具体的な例として*PID*制御の実習について取り上げます。

各章には多くの例題を取り入れています。解説を読みながら本文の理解に役立てることができます。

各章の構成と内容は以下の通りです。

第1部　フィードバック制御

第1章は、自動制御とは何かを身近な例をあげて説明します。また、自動制御の基本となるフィードバック制御について説明します。

第2章は、ブロック線図の考え方と等価回路について説明します。

第3章は、周波数伝達関数について基本的な電気回路を用いて説明します。以降の章の基本となる部分です。

第4章は、フィードバック制御の応答について説明します。インディッシャル応答、インパルス応答、周波数応答について説明します。

第5章は、ボード線図について説明します。第3章で説明した基本回路やその組み合わせ回路について、具体的なボード線図の作図の仕方について説明します。

第6章は、フィードバック制御の安定判別法について説明します。安定判別の基本的な考え方とナイキストの安定判別法、ボード線図による安定判別法について説明します。

第2部　システム制御

第７章は、伝達関数表現という切り口でラプラス変換の基本と $R-C$ 直列回路のラプラス変換による解き方について説明します。伝達関数はブラックボックスとして入出力のラプラス変換の比として定義されます。ラプラス変換はそのための必要不可欠な手段になります。

第８章は、伝達関数表現とは別の表現法である“状態変数表現”について少し詳しく説明します。ここでは伝達関数をブラックボックスとして扱わず、微分方程式を直接解きます。単なる入出力のラプラス変換比として扱う伝達関数表現とは考え方が異なります。

第９章は、根軌跡法について説明します。具体的にはエバンスの図的作図法について例題を使って具体的な作図法を解説します。また、特性方程式や特性多項式、特性根といった根軌跡に必要な事項について説明します。根軌跡を描くことによって系の安定設計が可能になります。

第３部　制御の実習

第10章は、フィードバック制御の特性補償とこれに使われる調節計の基本機能である *PID* 動作について説明します。また、実際に温度自動制御学習キットを使用して自動制御の基本である *ON/OFF* 制御と比例制御（*P* 制御）、*PI* 制御について実習します。実習を通して、*PID* 動作の仕組みを理解します。

各章の章末には重要ボックスとしてポイントとなる事項をまとめています。

付録には、本文に関係した項目として、差動増幅器、ラウスの安定判別法、熱電対について説明しています。

自動制御といってもシステム制御という広い範囲で捉えると、奥が深く興味が沸くものがたくさん潜在しています。本書が、入門書にとどまらずこれらを紐解く何らかの糸口、きっかけになれば幸いです。

本書執筆に際して多くの関連書籍を参考にさせていただきました。この場をかりまして敬意を表するとともに、感謝の気持ちを表します。また、温度自動制御学習キットの試用の機会を与えていただき、さらに最新情報のご提供をいただいた株式会社アドウィンの答島一成氏に厚くお礼申しあげます。

最後に、本書執筆の好機を与えていただいた技術評論社の谷戸伸好副編集長はじめ関係の諸氏に感謝いたします。

2017年12月　著者しるす

CONTENTS

第1部　フィードバック制御

第1章　自動制御とフィードバック制御

第2章　ブロック線図

第3章　周波数伝達関数

第4章　フィードバック制御系の応答

第5章　ボード線図

第6章　フィードバック制御系の安定判別

第 2 部　システム制御

第 7 章　伝達関数表現とラプラス変換

第 8 章　状態変数表現

第 9 章　根軌跡法

第 3 部　制御の実習

第10章　PID 制御の実習

付録

第1部
フィードバック制御

第1章

自動制御とフィードバック制御

自動制御とフィードバック制御の基本的な考え方について説明します。また、外乱と制御方式の関係についてブロック線図を用いて説明します。さらに、例題を通して、制御量の検出方法の1つであるブリッジ回路と差動増幅器を組み合わせた検出回路について説明します。本章では、これらを通して自動制御とフィードバック制御の基本を学びます。

1－1 自動制御とは何か

制御、そして自動制御とは何でしょう！

制御（*control*）とは、“ある目的に適合するように対象となっているものに所要の操作を加えること”であると定義されています。さらに、自動制御（*automatic control*）とは、“制御装置によって自動的に行われる制御”と定義されています。

自動制御の身近な例を紹介しましょう。

図１－１は冷蔵庫の温度制御をモデル化したものです。

冷蔵庫の室内の温度は内部に取り付けられた温度センサで常時計られています。周囲の外気温度やドアの開閉などで室温が上昇すると内部の熱を熱交換器（ラジエータ）で吸熱してこの熱を外部に放出（放熱）します。このようにして室内の温度を常に低温に保つようにすれば、食物を長期間保存することができます。

この場合、制御対象（プラントという）は“冷蔵庫”です。制御量は“温度”で、制御の目的は“室温を一定（低温）に保つ”ことです。制御装置（制御要素ともいう）は“熱交換器”です。これらの構成で温度制御が自動的に行われています。

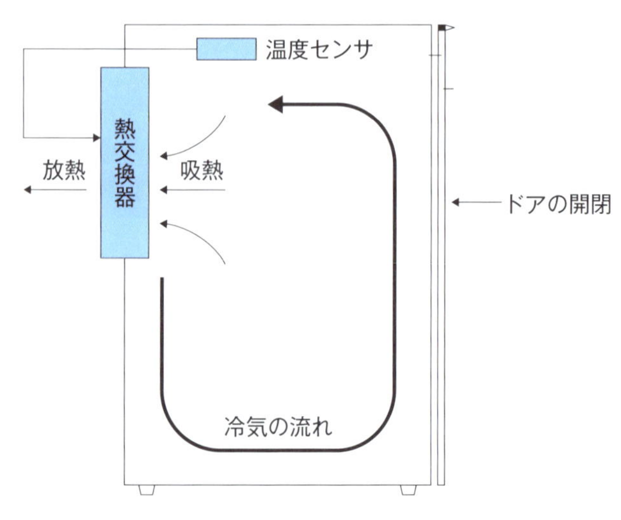

図１－１　冷蔵庫の温度制御

1－2 フィードバック制御とは何か

フィードバック（*feedback*）制御について説明します。

言葉で定義すると以下のようになります。

“制御した結果を時々刻々測定し、その結果を目標値と比較して、その間に差があればこれを自動的に補正するように制御する。”

自動で制御するという意味からフィードバック制御は自動制御の１つです。

貯水タンクの水位制御の例で、具体的に説明しましょう。図１－２はこれをモデル化したものです。

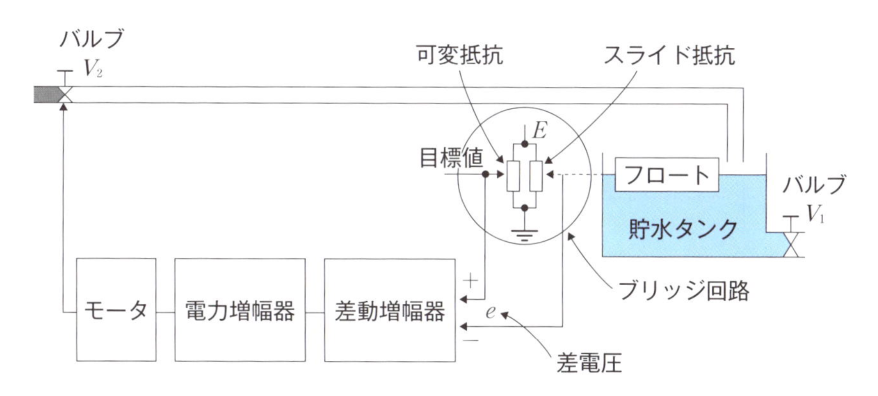

図１－２　貯水タンクの水位制御

フロートと呼ばれるレベル計で水位が計られています。水位が下がると水道のバルブ V_2を開けて貯水タンクに水を供給します。水位が設定水位に達したらバルブを閉めます。このようにして貯水タンクの水を常に一定の水位に保ちます。この場合、制御対象は貯水タンクです。制御装置はモータ、バルブ、増幅器などで構成されています。制御量はタンクの水位レベルです。水位はフロートの変位で検出し、その変位をフロートに連動したスライド抵抗を使って電気信号に変換します。目標値は設定した水位レベルで、可変抵抗で設定しておきます。スライド抵抗と可変抵抗はブリッジ回路を構成しています。

ブリッジ回路とは計測や制御で使われる基本回路の１つです※注。

※注：これについては後の例題１－１で説明する。

ブリッジ回路でタンクの水位レベルと目標値の水位レベルを比較します。これらの間で差があれば、ブリッジ回路の出力電圧（差電圧という）e を差動増幅器で検出し電力増幅器で増幅してモータを駆動し、これによりバルブ V_2 の開閉を行います。このようにしてタンクの水位レベルを一定に保ちます。

このように制御量と目標値を比較して、それらの差（偏差という）を制御装置の入力として偏差がゼロになるように動作するように構成した制御方式をフィードバック制御といいます。図１－３は図１－２における原因と結果の関係を矢印線で示したもので、矢印線をたどっていくと閉じたループになります。すなわち、出力から入力方向への矢印線がフィードバックを示しています。この意味からもフィードバック制御といわれる由縁です。このような線図をブロック線図[※注]といいます。

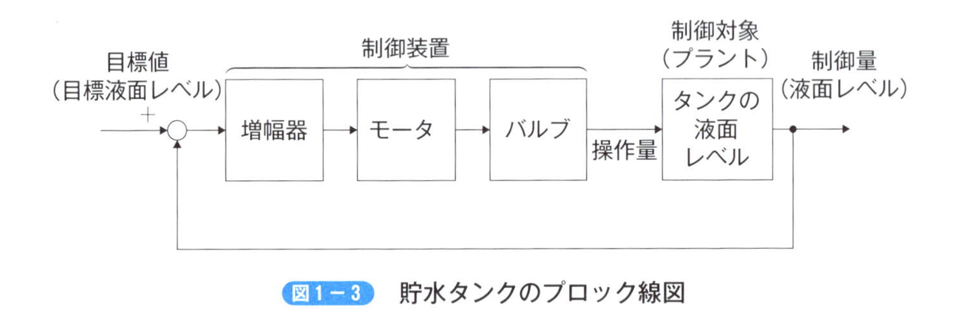

図１－３　貯水タンクのブロック線図

※注：ブロック線図については第２章で説明する。

1－3 フィードバック制御と外乱

外乱とは何でしょう？

外乱は“がいらん”と発音します。外乱とは本来制御対象に入ってほしくない外部から進入してくる信号やノイズのことをいいます。

冷蔵庫の温度制御の場合はドアの開閉や外気温の変化など、貯水タンクの水位制御の場合は雨や水の蒸発などいろいろ考えられます。制御には外乱はつきものです。図１－４は制御装置と制御対象、それに加わる目標値と外乱の関係を示したものです。

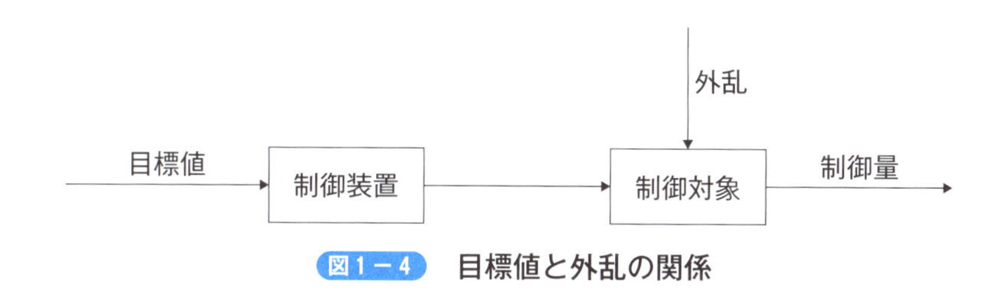

図１－４　目標値と外乱の関係

外乱を直接検出してそれを打ち消すように制御装置の出力を加減する制御方法があります。フィードフォワード（*feedforward*）制御といいます。“フィードバック”ではありません。

図１－５を見てください。フィードフォワード制御の例です。外乱が制御対象に加わりますが、破線が示すように外乱を直接検出して制御装置からの出力を加減します。この制御方法は外乱の原因がわかっている場合にはたいへん有効です。

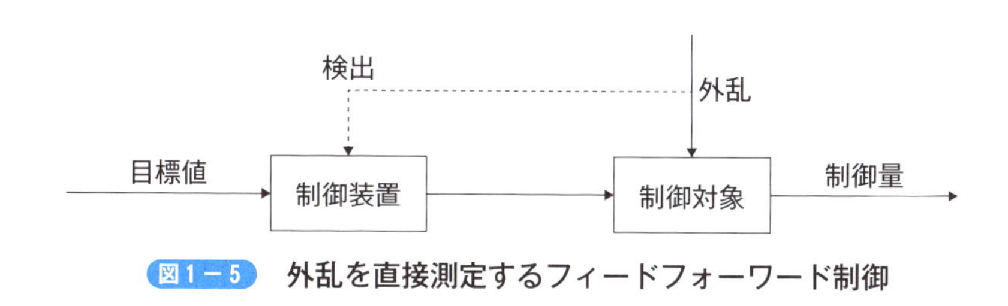

図１－５　外乱を直接測定するフィードフォワード制御

それでは、フィードバック制御の場合は外乱の影響はどうなるかということですが、実は、フィードバック制御は外乱を直接測定しないで、その影響を減少させるようにした制御方法です。

図１－６はフィードバック制御と外乱の関係を示したものです。外乱を直接測定しなくとも外乱の影響が制御量に含まれるので、これをフィードバックして目標値と比較します。外乱を含めた偏差があれば、これを加減して最終的に目標値と一致するように制御します。図中の比較器は図１－２のブリッジ回路に相当します。なお、図１－７は外乱を加えた貯水タンクのブロック線図です。

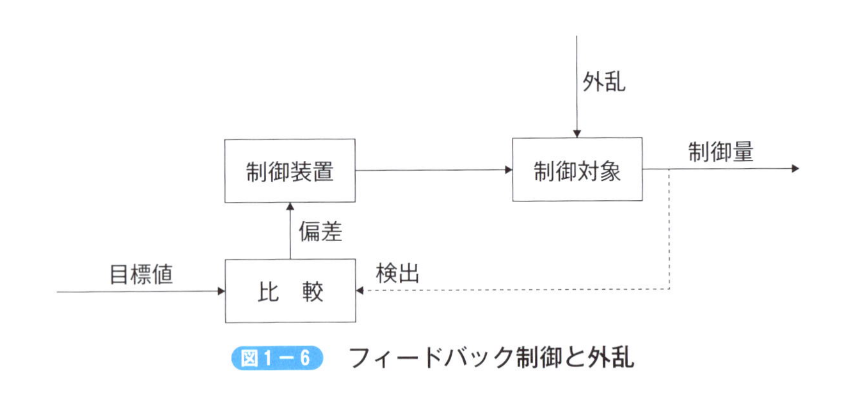

図１－６　フィードバック制御と外乱

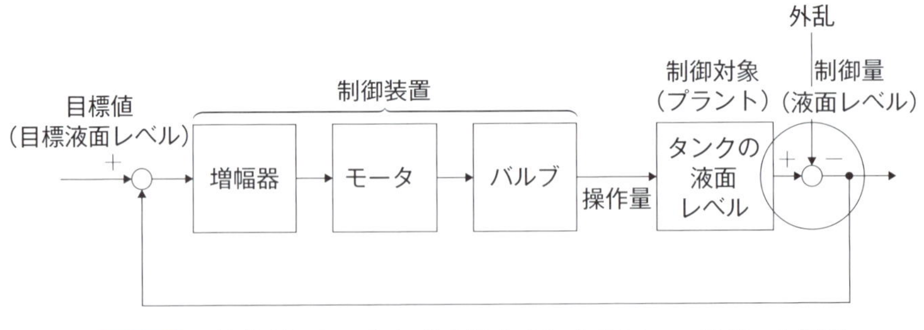

図１－７　外乱が加わったときの貯水タンクのフィードバック制御

[例題 1 - 1]

図1－8のような電気回路の端子 P、Q 間の電圧 V_{PQ} を図中の記号を使って表しなさい。

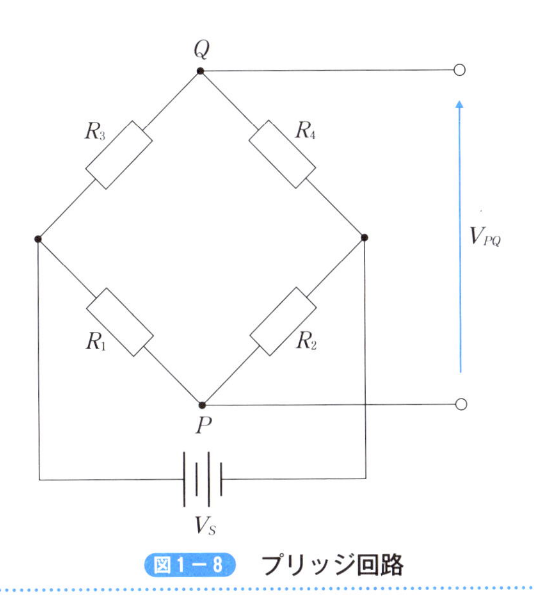

図1－8　ブリッジ回路

[解答]

図1－8のような回路をブリッジ回路といいます。この回路は図1－9のように並列回路に書き直すことができます。P 点と Q 点の電圧 V_P、V_Q はそれぞれ抵抗で分圧されるので、

$$V_P = \frac{R_2}{R_1 + R_2} V_S \tag{1-1}$$

$$V_Q = \frac{R_4}{R_3 + R_4} V_S \tag{1-2}$$

となります*注。

すなわち、端子 P、Q 間の電圧 V_{PQ} は電圧 V_P と V_Q の差の電圧で与えられます。

$$V_{PQ} = V_Q - V_P \tag{1-3}$$

式（1－3）に式（1－1）と式（1－2）を代入して

※注：本章末のコラム1－2「電気の基本法則」を参照。

$$V_{PQ}=\frac{R_4}{R_3+R_4}V_S-\frac{R_2}{R_1+R_2}V_S=\left(\frac{R_4}{R_3+R_4}-\frac{R_2}{R_1+R_2}\right)V_S \quad (1-4)$$

が得られます。

抵抗 R_1 と R_2 を固定にして端子 P の電圧 V_P を一定にし、抵抗 R_3 または R_4 を可変して端子 Q の電圧 V_Q を可変にした場合、ブリッジ回路の出力電圧 V_{PQ} は両端子間の差の電圧の変化分として取り出すことができます。

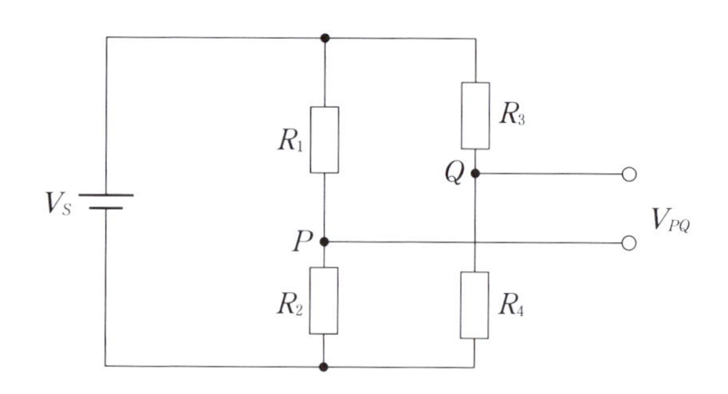

図1−9　ブリッジ回路を書き直す

答：$V_{PQ}=\left(\frac{R_4}{R_3+R_4}-\frac{R_2}{R_1+R_2}\right)V_S$

[例題 1 - 2]

図1 −10は貯水タンクのフィードバック制御（図1 − 2）におけるブリッジ回路と差動増幅器の回路構成を示す。図中の記号を使って差動増幅器の出力電圧を式で導きなさい。ただし、ブリッジ回路の抵抗 R_1〜R_4を式に含めること。ここで、差動増幅器の入力電圧 V_1、V_2と出力電圧 V_O は以下の式で与えられているとする。

$$V_O = \frac{R_f}{R_i}(V_2 - V_1) \tag{1−5}$$

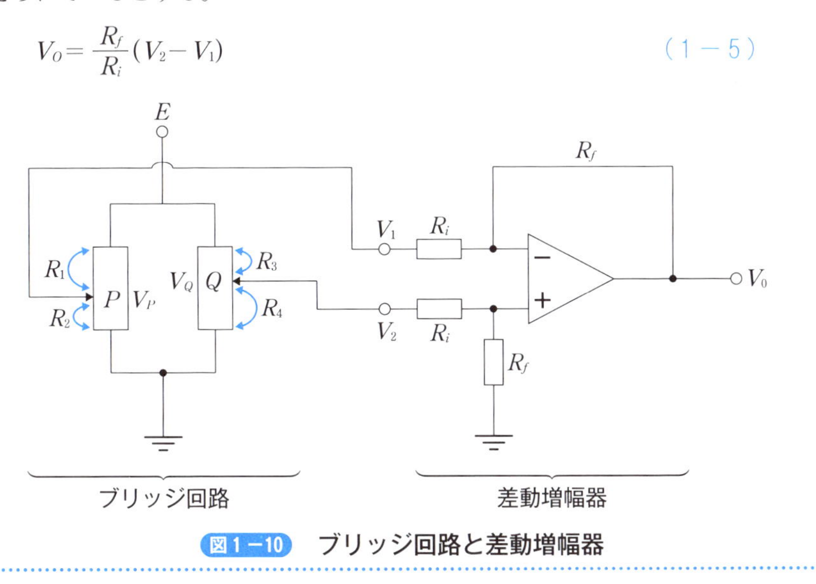

図1 −10　ブリッジ回路と差動増幅器

[解答]

差動増幅器※注はブリッジ回路と組み合わせて使うことが多くあります。入力信号にノイズが重ね合わさった場合（重畳といい、“ちょうじよう”と発音）には有効です。入力信号に重畳したノイズを打ち消し、本来の信号のみを増幅します。

差動増幅器の入力電圧 V_1、V_2はブリッジ回路の出力で、それぞれ目標値、制御量になります。$V_2 - V_1$が偏差になります。

一方、ブリッジ回路の P 点、Q 点の電圧 V_P（$= V_1$）、V_Q（$= V_2$）は電源電圧を E として、例題1 − 1 の場合と同様に、抵抗 R_1〜R_4を使って、

$$V_P = \frac{R_2}{R_1 + R_2}E \tag{1−6}$$

$$V_Q = \frac{R_4}{R_3 + R_4}E \tag{1−7}$$

※注：差動増幅器については付録 A「差動増幅器」を参照。

となります。

式（1−5）に式（1−6）と式（1−7）を代入すると

$$V_O = E\frac{R_f}{R_i}\left(\frac{R_4}{R_3+R_4} - \frac{R_2}{R_1+R_2}\right) \qquad (1-8)$$

となります。

目標値は抵抗 R_1と R_2で設定します。制御量はフロートに連動したスライド抵抗の R_3と R_4で変化します。

答：$V_O = E\frac{R_f}{R_i}\left(\frac{R_4}{R_3+R_4} - \frac{R_2}{R_1+R_2}\right)$

重要項目

◇フィードバック制御

制御量と目標値を比較してそれらの差である偏差がゼロになるように動作するように構成した制御方式をいいます。

外乱を直接検出しないでその影響を減少させるように制御する方式です。

◇フィードフォーワード制御

外乱を直接検出してそれを打ち消すように制御装置の出力を加減する制御方法をいいます。

◇ブリッジ回路

計測や制御で使われる基本の電気回路です。ブリッジ回路の出力電圧は、

$$V_{PQ} = \left(\frac{R_4}{R_3+R_4} - \frac{R_2}{R_1+R_2}\right)V_S$$

で表されます（図1−8参照）。

コラム1－1　ギリシャ文字

電気や機械、制御の分野でよく使われるギリシャ文字と読み方を表1－1に示します。

表1－1　ギリシャ文字と読み方

大文字	小文字	読み方	大文字	小文字	読み方
A	α	*Alpha*（アルファ）	N	ν	*Nu*（ニュー）
B	β	*Beta*（ベータ）	Ξ	ξ	*Xi*（クサイ）
Γ	γ	*Gamma*（ガンマ）	O	o	*Omicron*（オミクロン）
Δ	δ	*Delta*（デルタ）	Π	π	*Pi*（パイ）
E	ε	*Epsilon*（イプシロン）	P	ρ	*Rho*（ロー）
Z	ζ	*Zeta*（ゼータ）	Σ	σ	*Sigma*（シグマ）
H	η	*Eta*（イータ）	T	τ	*Tau*（タウ）
Θ	θ	*Theta*（シータ）	Υ	υ	*Upsilon*（ウプシロン）
I	ι	*Iota*（イオータ）	Φ	ϕ、φ	*Phi*（ファイ）
K	κ	*Kappa*（カッパ）	X	χ	*Chi*（*Ki*）（カイ）
Λ	λ	*Lambda*（ラムダ）	Ψ	ψ	*Psi*（プサイ）
M	μ	*Mu*（ミュー）	Ω	ω	*Omega*（オメガ）

コラム1−2 電気の基本法則

◇オームの法則

図１−11の直流回路において、電圧 V を大きくしていくと抵抗 R に流れる電流 I も大きくなります。V を縦軸に、I を横軸にとってグラフにすると図１−12のように直線が得られます。すなわち、V と I の関係は比例関係になります。この場合の比例定数は抵抗 R です。

直線を式で表すと

$$V=R\times I \tag{1−9}$$

となります。これがオームの法則です。

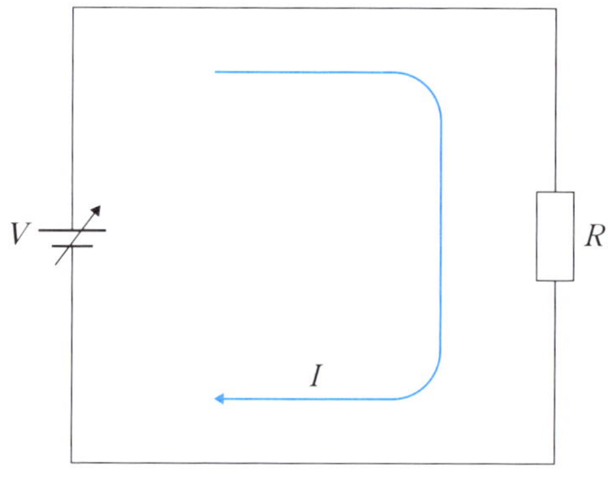

図１−11 直流回路

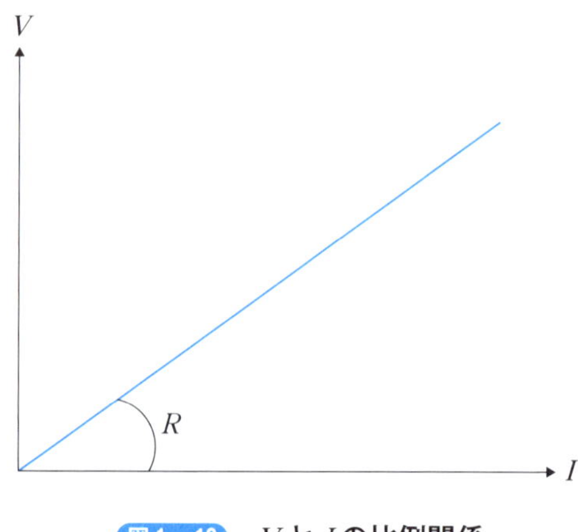

図１−12 V と I の比例関係

◇キルヒホッフの法則

キルヒホッフの法則には第１法則（電流の法則）と第２法則（電圧の法則）があります。

・電流の法則

図１－13の並列回路で、A 点では、入ってくる電流 I は出ていく電流 I_1 と I_2 の和に等しくなります。

すなわち、

$$I = I_1 + I_2 \qquad (1-10)$$

です。

B 点では入ってくる電流の和 $I_1 + I_2$ は出ていく電流 I に等しくなります。

すなわち、

$$I_1 + I_2 = I$$

です。

一般的に表現すれば、"入ってくる電流の総和と出ていく電流の総和は等しい"ということができます。これを電流の法則といいます。

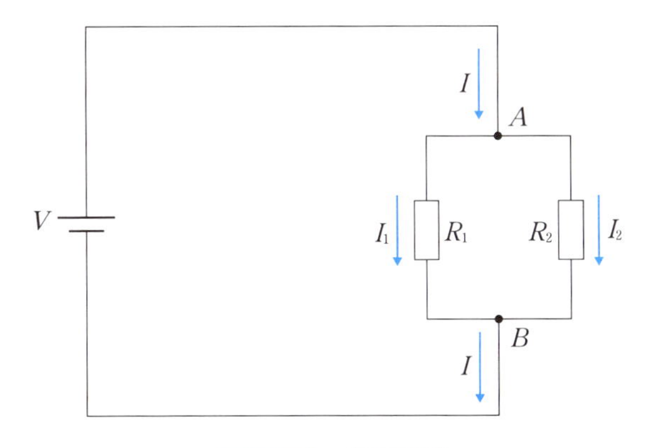

図１－13　並列回路

・電圧の法則

図１－14の直列回路において、電圧 V は抵抗 R_1 の両端の電圧 V_1 と抵抗 R_2 の両端の電圧 V_2 の和に等しくなります。

すなわち、

$$V = V_1 + V_2 \qquad (1-11)$$

です。

一般的に表現すれば、“起電力の総和と抵抗の端子電圧の総和は等しい”ということができます。これを電圧の法則といいます。

では、オームの法則とキルヒホッフの法則を使って、P点の電圧V_2を求めてみます。

回路に流れる電流をIとすると、抵抗R_2の電圧V_2と電流Iの関係はオームの法則から、

$$V_2 = R_2 \times I \tag{1−12}$$

となります。

一方、電圧の法則から、

$$V = R_1 \times I + R_2 \times I = (R_1 + R_2) \times I$$

が得られます。この式から電流Iは、

$$I = \frac{V}{R_1 + R_2} I \tag{1−13}$$

となります。

式（1−13）を式（1−12）に代入します。

$$V_2 = R_2 \times \frac{V}{R_1 + R_2} = \frac{R_2}{R_1 + R_2} V \tag{1−14}$$

P点の電圧V_2は電圧Vに対する抵抗R_1とR_2の比で表されます。すなわち、電圧Vを比例配分する比例式で表されます。

例題1−1の抵抗分圧の式はこのようにして導いた式です。

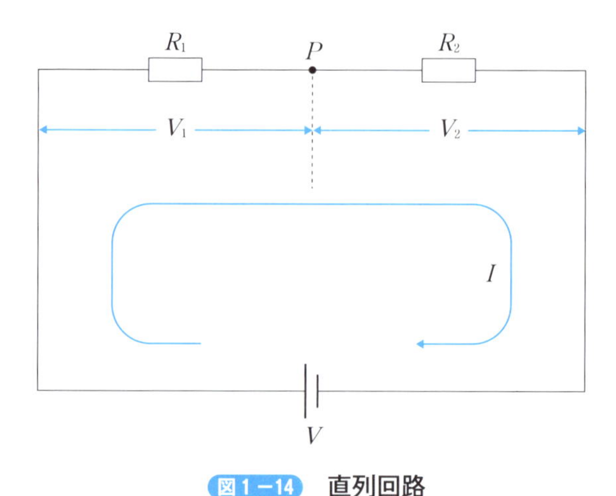

図1−14 直列回路

第2章 ブロック線図

　自動制御系の応用分野は広範囲にわたっており、扱う物理量も非常に多くの種類があります。どんな自動制御系でも結果（制御量）を命令（目標値）と比較して偏差があれば、これを自動的に減らす方向に動作します。これを図的に表現したものがブロック線図（*block diagram*）です。実際の自動制御系では構成要素が多数組み合わさって実現されており、各種の信号が変換、伝達されながら閉回路を形成しています。ブロック線図はこれらの構成要素を図記号で表し、それぞれを組み合わせることによって信号の流れを見やすく図示したものです。また、時間的に変化する信号（*signal*）が、自動制御系の中でどのように変換されながら伝わっていくかを線図で表したものです。

2-1 ブロック線図の基本記号

ブロック線図の引き方には決まりがあります。図2－1はブロック線図の基本記号を示したものです。

（イ）信号線　　（ロ）伝達要素

（ハ）加え合わせ点　　（ニ）引き出し点

図2－1　ブロック線図の基本記号

◇信号線

信号線は入力信号、出力信号を矢印で表します。矢印には信号の**時間関数** $x(t)$ ※注1またはラプラス変換※注2した関数 $X(s)$ を書き添えます。信号は矢印の方向にのみ伝達されます。

◇伝達要素

伝達要素は入力信号を受け取り、出力信号に変換することを示します。ブロック（箱）で表し、その中に**伝達関数**（*transfer function*）を書き込みます。伝達関数は $G(s)$ で表し、入力信号と出力信号の比として定義されます。初期値をゼ

※注1：時間関数とは、時間とともに時々刻々変化していく信号を関数の表現で表したもの。
例えば、時間関数を

$$f(t)=2\times t$$

とした場合、横軸に時間 t をとり、縦軸に $f(t)$ をとれば、関数 $f(t)$ は勾配2の直線にそって変化していく。

※注2：ラプラス変換については本章末のコラム2－1「ラプラス変換」を参照。

ロ（時間 $t=0$）としたときの入力信号と出力信号をラプラス変換し、それを比の形で表現したものです。

すなわち、入力信号を $x(t)$、出力信号を $y(t)$ とし、それぞれのラプラス変換を $X(s)$、$Y(s)$ としたとき、伝達関数 $G(s)$ は、

$$G(s)=\frac{Y(s)}{X(s)} \tag{2-1}$$

または $Y(s)=G(s)\cdot X(s)$

と表します。

◇加え合わせ点

加え合わせ点は2つの信号の合成（代数和）を示します。信号の伝わる方向と、和または差に応じて正負の符号を付けます。

先の図2－1（ハ）の例では、

$$Y(s)=X(s)-Z(s) \tag{2-2}$$

になります。

◇引き出し点

引き出し点は1つの信号の分岐を示します。引き出し点を通っても信号は変化しません。

図2－1（ニ）の例では、

$$Y(s)=X(s) \qquad Z(s)=X(s)$$

になります。すなわち、

$$X(s)=Y(s)=Z(s) \tag{2-3}$$

です。

2−2 ブロック線図の等価変換

複雑になったブロック線図は、等価変換によってより簡素化することができます。等価変換の方法には加算点の交換・移動、分岐点の交換・移動、伝達要素の交換・移動、直列接続、並列接続、フィードバック接続などがあります。

表2−1はこれらをまとめたものです。表でブロック線図のⅠとⅡは等価です。

表2−1 ブロック線図の等価変換

	方法	Ⅰ	Ⅱ
A	加算点の交換	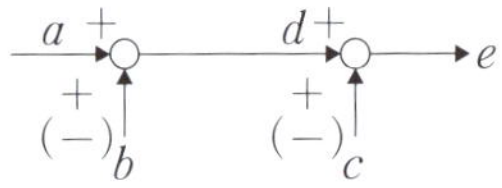 a, $+$, $+(-)$ b, d, $+$, $+(-)$ c, e	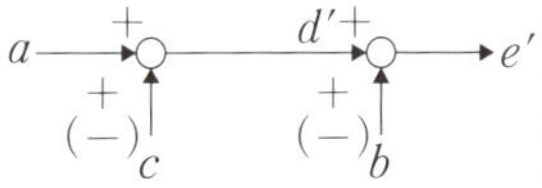 a, $+$, $+(-)$ c, d', $+$, $+(-)$ b, e'
B	分岐点の交換	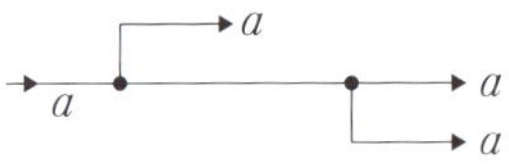 a, a, a, a	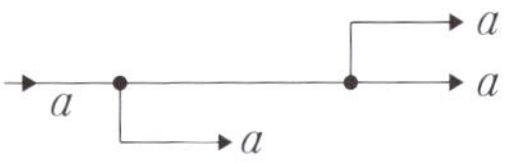 a, a, a, a
C	伝達要素の交換	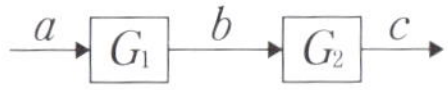 a G_1 b G_2 c	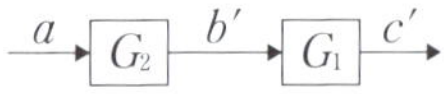 a G_2 b' G_1 c'
D	加算点の移動	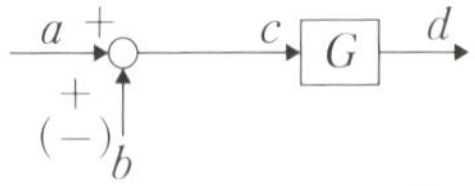 a, $+$, $+(-)$ b, c G d	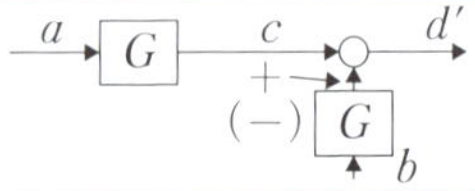 a G c, $+(-)$, G b, d'
E	分岐点の移動	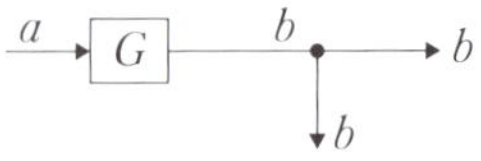 a G b, b, b	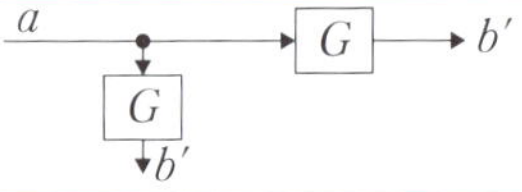 a G b', G b'
F	継続接続（カスケード）	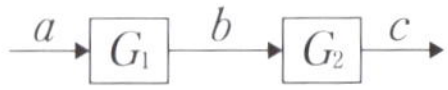 a G_1 b G_2 c	 a G_1G_2 c
G	並列接続	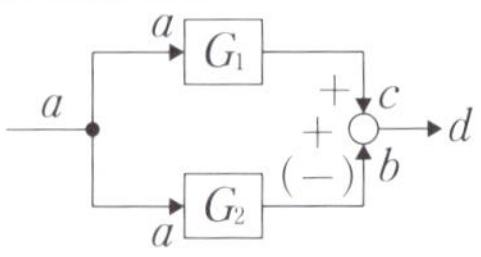 a, a G_1 $+$ c, a G_2 $+(-)$ b, d	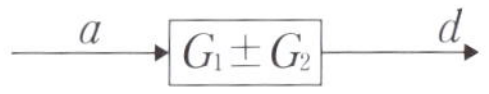 a $G_1 \pm G_2$ d
H	フィードバック接続	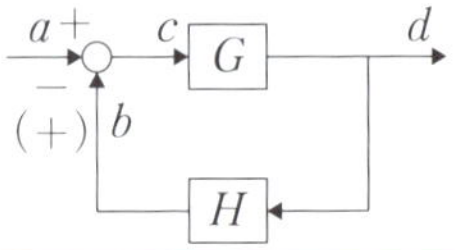 a $+$ $-(+)$ b, c G d, H	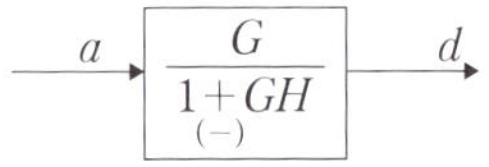 a $\dfrac{G}{1 \underset{(-)}{+} GH}$ d

2－2－1　直列接続

伝達要素が図2－2のように接続されています。それぞれの伝達関数を $G_1(s)$、$G_2(s)$ とします。

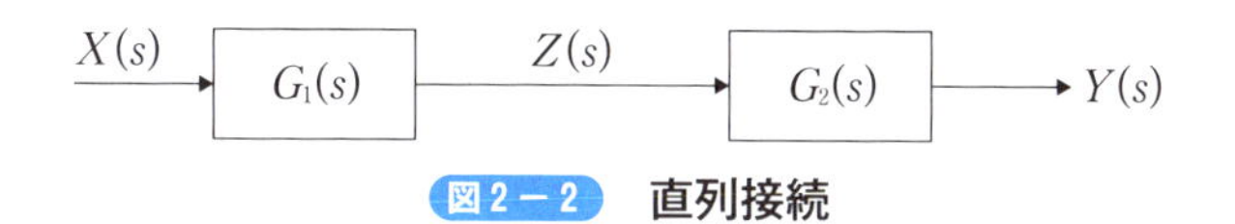

図2－2　直列接続

伝達関数 $G_1(s)$ と入出力 $X(s)$、$Z(s)$ との間には、

$$Z(s)=G_1(s)\cdot X(s) \qquad (2-4)$$

が成立します。伝達関数 $G_2(s)$ と入出力 $Y(s)$、$Z(s)$ との間には、

$$Y(s)=G_2(s)\cdot Z(s) \qquad (2-5)$$

が成立します。

式（2－4）と式（2－5）から合成の伝達関数 $G(s)$ は、

$$G(s)=\frac{Y(s)}{X(s)}=\frac{G_2(s)\cdot Z(s)}{X(s)}$$

$$=\frac{G_2(s)\cdot G_1(s)\cdot X(s)}{X(s)}$$

$$=G_1(s)\cdot G_2(s) \qquad (2-6)$$

となります。式（2－6）から直列接続の場合の合成伝達関数は、それぞれの伝達関数の積を求めることにより得られます。

2つ以上の伝達関数を直列接続した場合でも同じように成立します。伝達要素が3つ直列接続した場合の合成伝達関数は、

$$G(s)=G_1(s)\cdot G_2(s)\cdot G_3(s)$$

となります。

2－2－2　並列接続

伝達要素 $G_1(s)$、$G_2(s)$ を図2－3に示すように並列接続します。

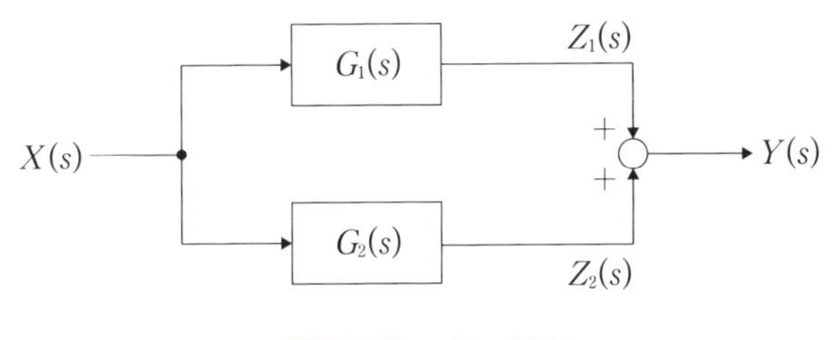

図2−3　並列接続

合成伝達関数は次のようになります。伝達関数 $G_1(s)$、$G_2(s)$ それぞれについて

$$Z_1(s)=G_1(s)\cdot X(s)$$

$$Z_2(s)=G_2(s)\cdot X(s)$$

が成立します。

また、加算点において、

$$Y(s)=Z_1(s)+Z_2(s)$$

が成立します。

これら３つの式から合成伝達関数 $G_2(s)$ は、

$$G(s)=\frac{Y(s)}{X(s)}=\frac{Z_1(s)+Z_2(s)}{X(s)}$$

$$=\frac{G_1(s)\cdot X(s)+G_2(s)\cdot X(s)}{X(s)}$$

$$=G_1(s)+G_2(s) \qquad (2-7)$$

となります。

並列接続の場合の合成伝達関数は、それぞれの伝達関数の和を計算することになります。

２つ以上の伝達関数を並列接続した場合でも成立します。伝達要素が３つ並列接続した場合の合成伝達関数は、

$$G(s)=G_1(s)+G_2(s)+G_3(s)$$

となります。

2−2−3　フィードバック接続

図２−４のような接続をフィードバック接続といいます。自動制御系の基本形となる接続です。制御量 $Y(s)$ は分岐されて伝達要素 $H(s)$ を通り、この信号が加算点で目標値 $X(s)$ と比較されます。両者に偏差があれば伝達要素 $G(s)$ で加減して制御量 $Y(s)$ にします。

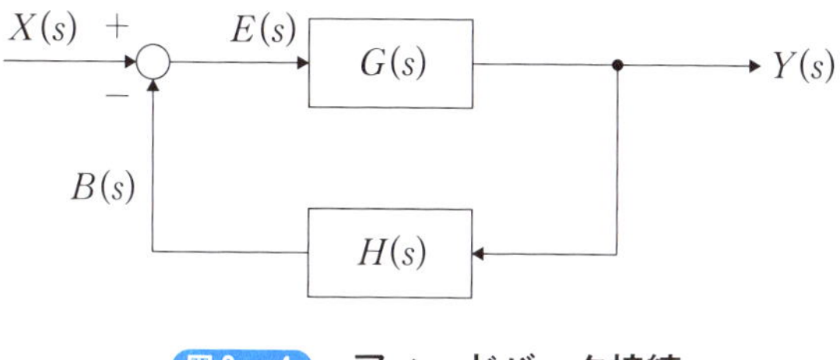

図2－4　フィードバック接続

それぞれの伝達要素で次式が成立します。

$$Y(s)=G(s)\cdot E(s)$$

$$B(s)=H(s)\cdot Y(s)$$

また、加算点では、

$$E(s)=X(s)-B(s)$$

となります。

これら3つの式から、

$$Y(s)=G(s)\cdot\{X(s)-B(s)\}$$
$$=G(s)\cdot\{X(s)-H(s)\cdot Y(s)\}$$

が得られます。

この式をさらに整理すると、

$$Y(s)\cdot\{1+G(s)\cdot H(s)\}=G(s)\cdot X(s)$$

となります。

これよりフィードバック接続の合成伝達関数 $W(s)$ は、以下のようになります。

$$W(s)=\frac{Y(s)}{X(s)}$$

$$=\frac{G(s)}{1+G(s)\cdot H(s)} \qquad (2-8)$$

これがフィードバック制御の伝達関数です。“閉じたループ”であることから**閉ループ伝達関数**ともいいます。

ここで閉ループの1カ所を切断して、引き伸ばしてみます。

すると図2－5のようになります。この場合のループは一巡しかしません。これの伝達関数は直列接続の場合と同じで、

$$G(s)\cdot H(s) \qquad (2-9)$$

になります。

これをフィードバック制御における**一巡伝達関数**といいます。式（2－8）の分母 $G(s)\cdot H(s)$ の部分です。

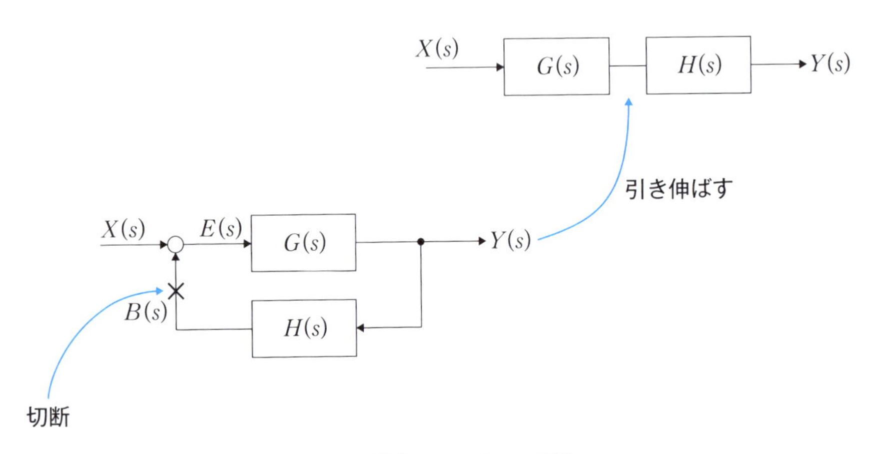

図2－5　一巡伝達関数

［例題2－1］

表2－1の伝達要素の交換の場合で、ⅠとⅡが等価であることを証明しなさい。

［解答］

Ⅰの場合は、$b=G_1 \cdot a$、$c=G_2 \cdot b$ から

$$c=G_1 \cdot G_2 \cdot a$$

となります。

Ⅱの場合は、$b'=G_2 \cdot a$、$c'=G_1 \cdot b'$ から

$$c'=G_1 \cdot G_2 \cdot a=c$$

となり、Ⅰと等価になります。

外部から入力信号以外の信号が加わらない場合は、伝達要素の順序は変更してもかまいません。

答：$c'=G_1 \cdot G_2 \cdot a=c$ となるのでⅠとⅡは等価

[例題 2 − 2]

図 2 − 6 のブロック線図を簡単化して、a を入力、b を出力とする 1 つの伝達関数で表しなさい。

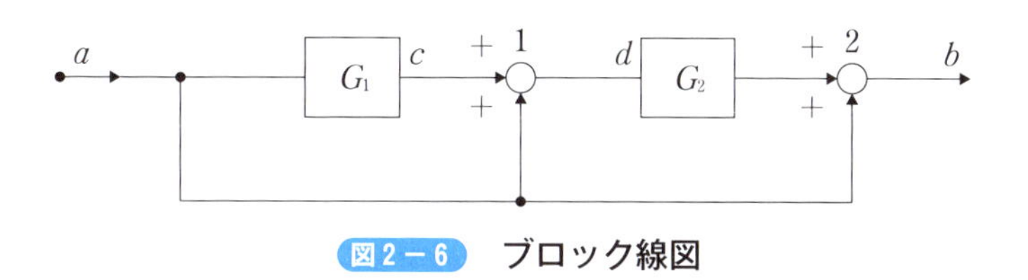

図 2 − 6　ブロック線図

[解答]

伝達要素 G_1 の入力と出力の関係は、

$$c=aG_1 \tag{2-10}$$

です。加算点 1 では、

$$d=c+a \tag{2-11}$$

となります。

式（2 −11）に式（2 −10）を代入します。

$$d=c+a=aG_1+a=a\cdot(G_1+1) \tag{2-12}$$

一方、加算点 2 では、

$$b=dG_2+a \tag{2-13}$$

となります。

式（2 −13）に式（2 −12）を代入します。

$$\begin{aligned} b&=dG_2+a \\ &=a(G_1+1)G_2+a \\ &=a\{(G_1+1)G_2+1\} \\ &=a(G_1G_2+G_2+1) \end{aligned}$$

これから a を入力、b を出力とする伝達関数 G は、

$$G=G_1G_2+G_2+1 \tag{2-14}$$

となり、図 2 − 7 のようになります。

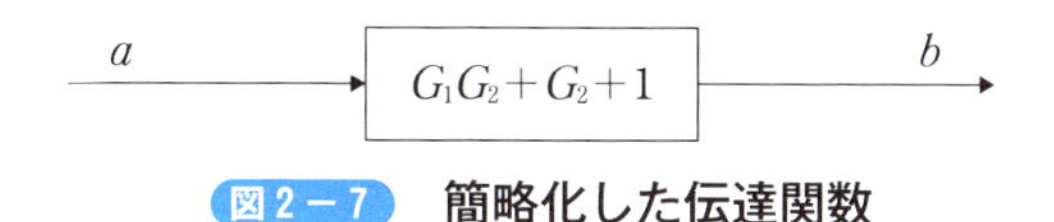

図 2 − 7　簡略化した伝達関数

答：図 2 − 7

重要項目

◇ブロック線図

ブロック線図は自動制御系の構成要素を、図記号を使って表した線図です。信号の流れを信号線、伝達要素、加え合わせ点、引き出し点などの図記号を使って図示します。

◇伝達関数

伝達要素の入力信号 $x(t)$、出力信号 $y(t)$ のラプラス変換を $X(s)$、$Y(s)$ としたとき、伝達関数は、

$$G(s) = \frac{Y(s)}{X(s)} \quad \text{または} \quad Y(s) = G(s) \cdot X(s)$$

で表されます。

◇ブロック線図の等価変換

ブロック線図は等価変換によってより簡素化することができます。等価変換の方法には加算点の交換・移動、分岐点の交換・移動、伝達要素の交換・移動、直列接続、並列接続、フィードバック接続などがあります。

直列接続の場合は、各伝達関数の積

$$G(s) = G_1(s) \cdot G_2(s)$$

となります。

並列接続の場合は、各伝達関数の和

$$G(s) = G_1(s) + G_2(s)$$

となります。

コラム2－1　ラプラス変換

ラプラス変換とは、“過渡現象（かとげんしょう）を見るための道具”であるといえます。過渡現象とは、時間的に変化する現象や事象をいいます（図2－8）。多くの場合、過渡現象は、微分方程式や積分方程式、またはこれらを組み合わせた式で表わされます。これらの式は時間で変化するので時間関数といいます。

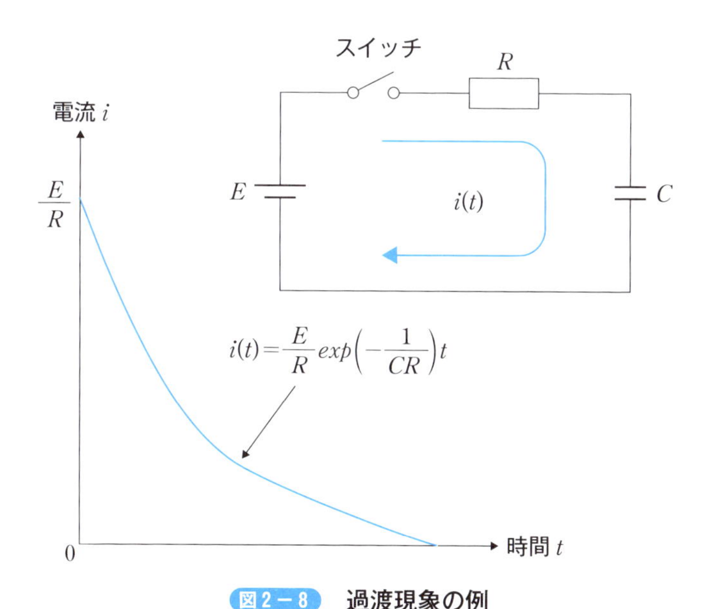

図2－8　過渡現象の例

時間的にどのように変化していくのかを見るには式を解いていかなければなりません。このときにラプラス変換を使うと便利です。ラプラス変換は時間関数の式を解くための道具です。

ラプラス変換を使うためには準備が必要です。時間関数をラプラス変換の表記に書き直すことです。

機械的に以下のように書き直します。

- iやvなどの小文字を大文字IやVに書き直す
- tの関数をsの関数に書き直す
- 微分記号$\dfrac{d}{dt}$はsに、積分記号$\int$は$\dfrac{1}{s}$に書き直す

具体的には、電圧 v は $v(s)$ に、電流 i は $i(s)$ のように書きます。また、電流の微分 $\frac{di}{dt}$ は $sI(s)$ に、電流の積分 $\int idt$ は $\frac{1}{s}I(s)$ のように書きます。

これらの準備が整えばラプラス変換した式を解くことができます。最終的には、得られたラプラス変換の解をラプラス逆変換して時間関数の解を求めることになります。ラプラス逆変換して得られる解は、

$$i(t)=\frac{E}{R}exp\left(-\frac{1}{CR}t\right)$$

です。図２－８は、これをグラフで表わしたものです。これらについては第７章で具体的に説明しています。

コラム2－2　ラプラス変換の変換例

ラプラス変換の変換例を表2－2に示します。ラプラス変換またはラプラス逆変換の際には、この表を活用すると便利です。本書では以降この表を“ラプラス変換の公式集”または“ラプラス逆変換の公式集”と呼ぶことにします。

表2－2　ラプラス変換（逆変換）の公式

$f(t)$	$F(s)$
1	$\frac{1}{s}$
A（定数）	$\frac{A}{s}$
t	$\frac{1}{s^2}$
t^2	$\frac{2}{s^3}$
e^{at}（a：定数）	$\frac{1}{s-a}$
e^{-at}	$\frac{1}{s+a}$
$\sin\omega t$	$\frac{\omega}{s^2+\omega^2}$
$\cos\omega t$	$\frac{s}{s^2+\omega^2}$
$e^{-at}\sin\omega t$	$\frac{\omega}{(s+a)^2+\omega^2}$
$e^{-at}\cos\omega t$	$\frac{s+a}{(s+a)^2+\omega^2}$
$\frac{df(t)}{dt}$	$sF(s)$
$\int f(t)dt$	$\frac{1}{s}F(s)$
$\delta(t)$※注	1

※注：$\delta(t)$ は単位インパルスのことで、デルタ関数と呼ばれている。

第3章

周波数伝達関数

自動制御やフィードバック制御の入力と出力の関係を調べる方法に周波数応答があります。入力に正弦波信号を加えたときの出力信号の応答を調べる方法です。このときに必要となるのが周波数伝達関数です。本章では、基本的な電気回路について周波数伝達関数を求め、次章の周波数応答を学ぶためのステップとします。

3－1 周波数伝達関数の定義

ブロック線図で構成された伝達要素は、入力と出力のラプラス変換の比である伝達関数 $G(s)$ で表されます。

すなわち、入力信号と出力信号のラプラス変換を $X(s)$、$Y(s)$ としたとき、伝達関数 $G(s)$ は、

$$G(s) = \frac{Y(s)}{X(s)} \quad (3-1)$$

で表されます※注1。

図３－１を見てください。

伝達要素に入力信号としてある周波数の正弦波を加えたとき、入力信号と同じ周波数で定常値に達した正弦波の出力信号が得られたとします。

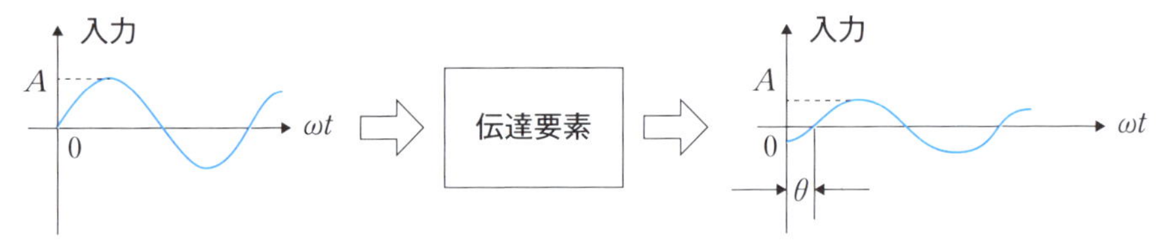

図３－１ 伝達要素に周波数 ω の正弦波を加える

このとき、周波数伝達関数 $G(j\omega)$ は、入力正弦波信号を $X(j\omega)$、出力正弦波信号を $Y(j\omega)$ とすると次式で定義されます。

$$G(j\omega) = \frac{Y(j\omega)}{X(j\omega)} \quad (3-2)$$

ただし、

（１）入出力信号（正弦波）の**角周波数**※注2：ω

（２）角周波数 ω に対する伝達関数：$G(j\omega)$

（３）振幅比（伝達関数の絶対値）：$\frac{B}{A} = |G(j\omega)|$

（４）入力と出力のずれ（位相）：$\theta = \angle G(j\omega)$

※注１：伝達関数については、第２章を参照。

※注２：ω のことを一般に角周波数または角速度という。また、図３－１の横軸は ωt で表される。これらについては本章末のコラム３－１「三角関数」を参照。

このように、周波数 ω に対する伝達関数 $G(j\omega)$ を周波数伝達関数といいます。伝達関数 $G(s)$ において $s \to j\omega$ とおけば、周波数伝達関数 $G(j\omega)$ が求まります。

具体的な例で、周波数伝達関数を求めてみます。

3－2 比例要素

図３－２のような電気回路を比例要素といいます。抵抗（r_1、r_2）のみの回路です。

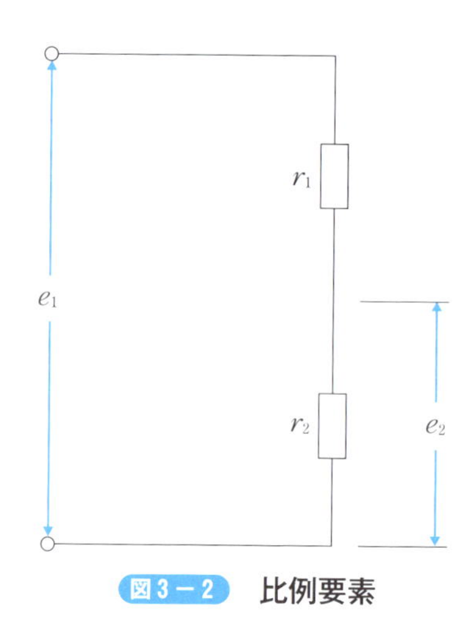

図３－２ 比例要素

入力信号 e_1と出力信号 e_2の比は抵抗の比でキルヒホッフの電圧の法則から、

$$\frac{e_2}{e_1}=\frac{r_2}{r_1+r_2}=K$$

となります。K は単なる抵抗の比で、時間とともに変化しない定数です。単なる比例定数です。これのラプラス変換はそのままです。もし、K が時間の関数で、代数※注である場合は表２－２の公式集から$\frac{K}{s}$となります。

したがって、伝達関数 $G(s)$ は、

$$G(s)=\frac{E_2}{E_1}=K$$

となります。周波数伝達関数 $G(j\omega)$ は $s \to j\omega$ とおいて

$$G(j\omega)=K \qquad (3-3)$$

となります。

※注：代数とは、数の代わりに用いた記号または数と記号とを組み合わせた集まりをいう。電圧 E、電流 I、抵抗 R とおくのも代数の表現である。

［例題 3 − 1］

図 3 − 3 は抵抗 $r_1=250[\Omega]$ と $r_2=1\ [k\Omega]$ を並列接続した電気回路である。

入力信号 e、出力信号 i として、周波数伝達関数 $G(j\omega)=\dfrac{I}{V}$ を求めなさい。

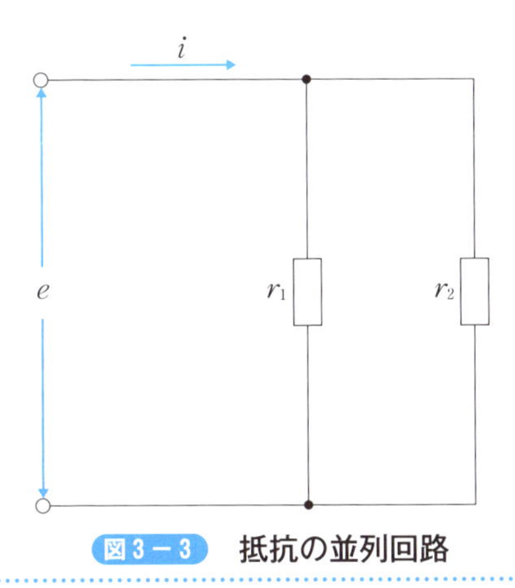

図 3 − 3　抵抗の並列回路

［解答］

この電気回路は抵抗のみの回路なので比例要素です。並列回路の合成抵抗 r は、

$$r=\frac{r_1r_2}{r_1+r_2}$$

$$=\frac{250\times1000}{250+1000}$$

$$=200[\Omega]$$

が得られます。

一方、入力信号（電圧）と出力信号（電流）の比は抵抗で、

$$\frac{i}{e}=\frac{1}{r}=\frac{1}{200}$$

となります。上記の比例定数 K に相当します。

これをラプラス変換します。

$$G(s)=\frac{I}{E}=\frac{1}{200}$$

したがって、周波数伝達関数は、$s\to j\omega$ とおいて

$$G(j\omega)=1/200$$

となります。

答：$G(j\omega)=1/200$

3－3 積分要素

図３－４の電気回路を積分要素といいます。コンデンサ C のみで構成されています。

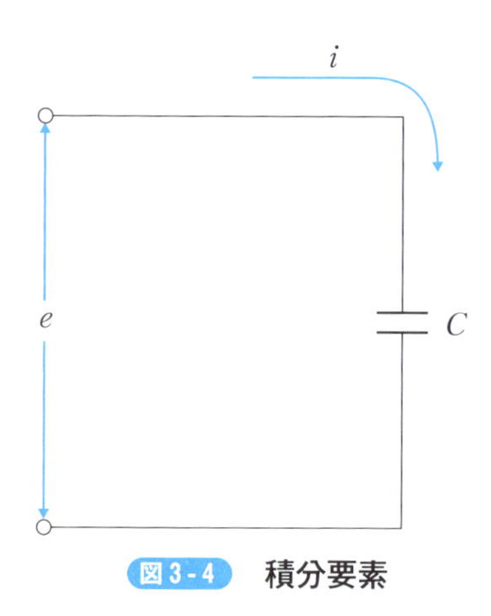

図3-4　積分要素

キルヒホッフの電圧の法則から、

$$e = \frac{1}{C}\int idt$$

が得られます。$\int dt \rightarrow \frac{1}{s}$ を使ってラプラス変換の表記にします。

$$E(s) = \frac{1}{C}\frac{1}{s}I(s)$$

ここで、入力 $I(s)$ と出力 $E(s)$ の比として伝達関数 $G(s)$ を求めます。したがって、

$$G(s) = \frac{E(s)}{I(s)} = \frac{1}{Cs} = \frac{K}{s}$$

となります。$1/C$ は時間で変化しないので、定数 K で置き換えています。周波数伝達関数は $s \rightarrow j\omega$ とおいて、

$$G(j\omega) = \frac{K}{j\omega} \qquad (3－4)$$

となります。

3－4 微分要素

図３－５の電気回路を微分要素といいます。インダクタンスLのみで構成されています。

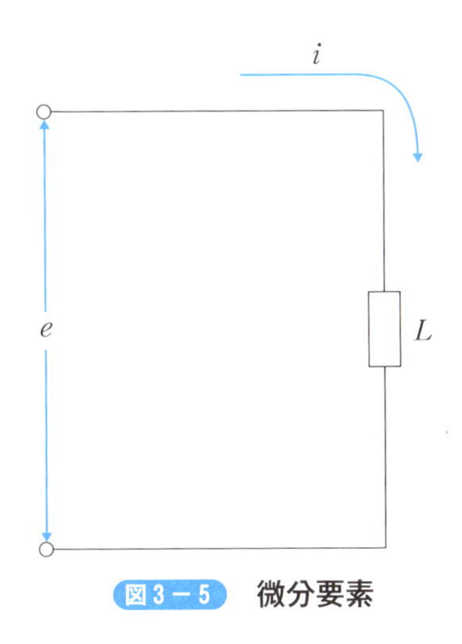

図３－５　微分要素

キルヒホッフの電圧の法則から、

$$e = L\frac{di}{dt}$$

が得られます。$\frac{d}{dt} \rightarrow s$を使ってラプラス変換の表記にします。

$$E(s) = LsI(s)$$

ここで、入力$I(s)$と出力$E(s)$の比として伝達関数$G(s)$を求めます。

したがって、

$$G(s) = \frac{E(s)}{I(s)} = Ls = Ks$$

となります。Lは時間で変化しないので、定数Kで置き換えます。周波数伝達関数は$s \rightarrow j\omega$とおいて、

$$G(j\omega) = j\omega K \quad (3-5)$$

となります。

3－5 1次遅れ要素

図3－6の電気回路を1次遅れ要素といいます。これまでは電気回路の基本要素である抵抗 R、インダクタンス L、コンデンサ C のみの回路でしたが、今度は抵抗 R とコンデンサ C を直列接続します。

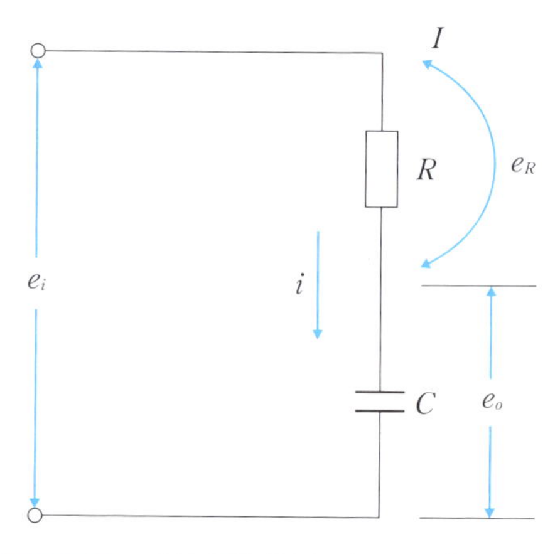

図3－6　1次遅れ要素（$R-C$ 直列回路）

キルヒホッフの電圧の法則から、次式が得られます。

$$
\begin{aligned}
e_i &= e_R + e_O \\
&= Ri + \frac{1}{C}\int i dt \qquad (3-6)
\end{aligned}
$$

また、コンデンサ C に流れる電流 i は、

$$
i = C\frac{de_O}{dt} \qquad (3-7)
$$

です。式（3－7）を式（3－6）に代入します。

$$
\begin{aligned}
e_i &= RC\frac{de_O}{dt} + \frac{1}{C}\int C\frac{de_O}{dt}dt \\
&= RC\frac{de_O}{dt} + e_O \qquad (3-8)
\end{aligned}
$$

式（3－8）をラプラス変換の表記に書き直します。

$$
E_I = RCsE_O + E_O
$$

$=E_O(1+RCs)$

したがって、伝達関数 $G(s)$ は、

$$G(s)=\frac{E_O}{E_I}=\frac{1}{1+RCs} \qquad (3-9)$$

となります。

周波数伝達関数 $G(j\omega)$ は $s\to j\omega$ とおいて、

$$G(j\omega)=\frac{1}{1+j\omega RC}$$

$$=\frac{1}{1+j\omega T} \qquad (3-10)$$

となります。ここで、$T=RC$ は**時定数**（*time constant*）といわれるものです[※注]。

［例題３－２］

図３－７の電気回路の周波数伝達関数を求めなさい。

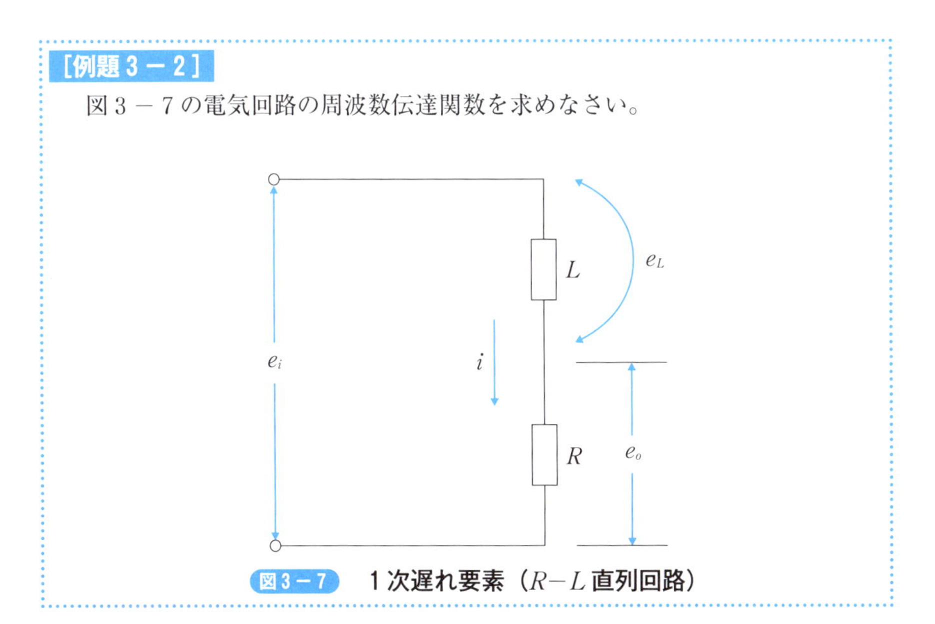

図３－７　１次遅れ要素（$R-L$ 直列回路）

［解答］

この電気回路は抵抗 R とインダクタンス L の直列回路です。キルヒホッフの電圧の法則から次式が得られます。

$$e_i=e_o+e_L$$

$$=Ri+L\frac{di}{dt}$$

※注：時定数については、第４章で説明する。

また、抵抗 R に流れる電流 i は、

$$i=\frac{e_O}{R}$$

です。これを上の式に代入します。

$$e_i=R\frac{e_O}{R}+L\frac{d}{dt}\left(\frac{e_O}{R}\right)$$

$$=e_O+\frac{L}{R}\frac{de_O}{dt}$$

ラプラス変換の表記に書き直します。

$$E_I=E_O+\frac{L}{R}sE_O$$

$$=E_O\left(1+\frac{L}{R}s\right)$$

したがって、伝達関数 $G(s)$ は、

$$\mathrm{G(s)}=\frac{E_O}{E_I}=\frac{1}{1+\frac{L}{R}s}$$

となります。

周波数伝達関数 $G(j\omega)$ は $s\to j\omega$ とおいて、

$$\mathrm{G(j\omega)}=\frac{1}{1+j\omega\frac{L}{R}}$$

$$=\frac{1}{1+j\omega T} \qquad (3-11)$$

となります。ここで、$T=L/R$ は時定数です。$R-L$ 直列回路も 1 次遅れ要素です。

答：$G(j\omega)=1/1+j\omega\ L/R=1/1+j\omega T$

3－6　2次遅れ要素

図3－8のような電気回路を2次遅れ要素といいます。$R-L-C$ 直列回路です。

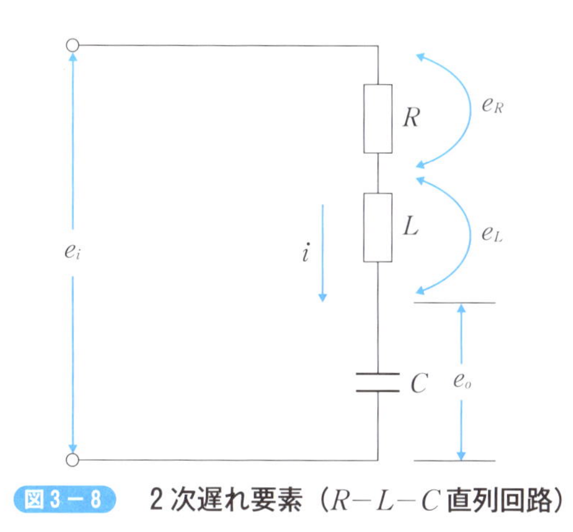

図3－8　2次遅れ要素（$R-L-C$ 直列回路）

キルヒホッフの電圧の法則から次式が得られます。

$$e_i = e_R + e_L + e_o$$
$$= Ri + L\frac{di}{dt} + \frac{1}{C}\int idt$$

電流 $i = C\frac{de_O}{dt}$ を代入します。

$$e_i = RC\frac{de_O}{dt} + LC\frac{d}{dt}\left(\frac{de_O}{dt}\right) + \frac{1}{C}\int C\frac{de_O}{dt}dt$$
$$= RC\frac{de_O}{dt} + LC\frac{d^2e_O}{dt^2} + e_O$$

ラプラス変換の表記に書き直します。

$$E_I = RCsE_O + LCs^2E_O + E_O$$
$$= E_O(RCs + LCs^2 + 1)$$

となります。

ここで、2階微分のラプラス変換の表記は、

$$\frac{d}{dt}\left(\frac{de_O}{dt}\right) \to \frac{d}{dt}(sE_O) \to ssE_O \to s^2E_O$$

となります。$\frac{d^2}{dt^2} \to s^2$と覚えておきます。

伝達関数 $G(s)$ は次のようになります。

$$G(s) = \frac{E_O}{E_I} = \frac{1}{1+RCs+LCs^2}$$

$$= \frac{1}{(1+T_1s)(1+T_2s)}$$

T_1と T_2は s についての 2 次式を因数分解※注したときの定数であると仮定しています。

周波数伝達関数 $G(j\omega)$ は、

$$G(j\omega) = \frac{1}{(1+j\omega T_1)(1+j\omega T_2)} \quad (3-12)$$

となります。T_1と T_2は 2 次遅れ要素の時定数となります。時定数が 2 つ存在します。

[例題 3 − 3]

図 3 − 9 のブロック線図で表されるフィードバック制御系がある。入力 r と出力 c の間の周波数伝達関数を求めなさい。

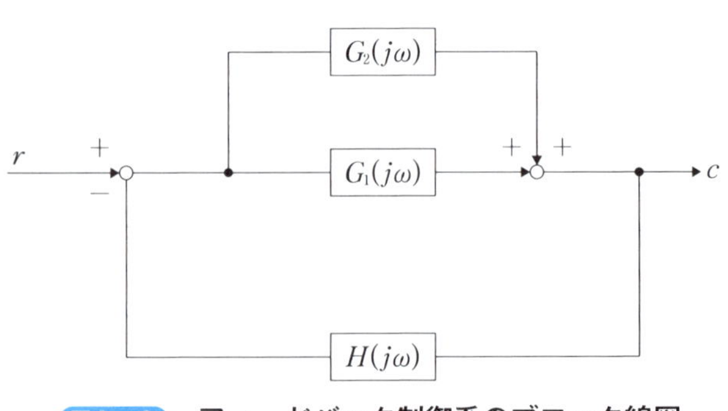

図 3 − 9 フィードバック制御系のブロック線図

[解答]

並列接続の部分を等価変換すると、合成の周波数伝達関数は和として表され、

※注：2 次式とは $y=x^2+3x+2$ のような式をいう。x^2の項があるので 2 次式という。この式を因数分解すると $y=(x+1)(x+2)$ になる。乗数 1 と 2 は上の式の T_1と T_2に相当する。

$$G_1(j\omega)+G_2(j\omega)$$

となります。ブロック線図は図 3 −10（a）のようになります。次に、系全体を等価変換すると、

$$\frac{G_1(j\omega)+G_2(j\omega)}{1+\{G_1(j\omega)+G_2(j\omega)\}H(j\omega)}$$

となります。第 2 章のフィードバック接続の場合と同じ形式の合成伝達関数の式から得られます。

系全体のブロック線図は図 3 −10（b）のように表すことができます。

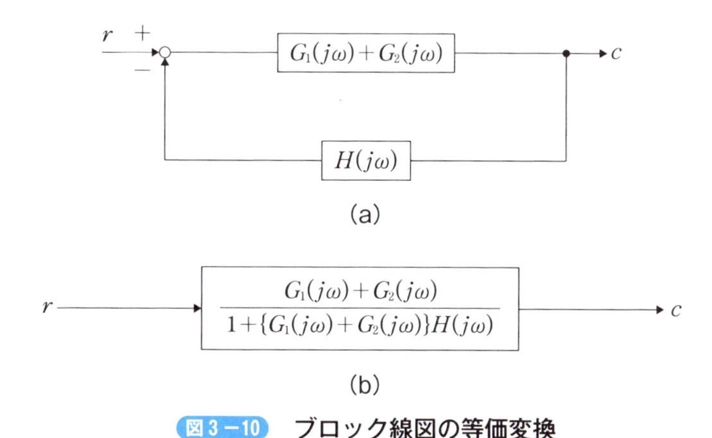

図 3 −10　ブロック線図の等価変換

答：$\dfrac{G_1(j\omega)+G_2(j\omega)}{1+\{G_1(j\omega)+G_2(j\omega)\}H(j\omega)}$

[例題3−4]

図3−11の$R-C$直列回路で、入力信号e_iと出力信号e_oの間の周波数伝達関数を求めなさい。

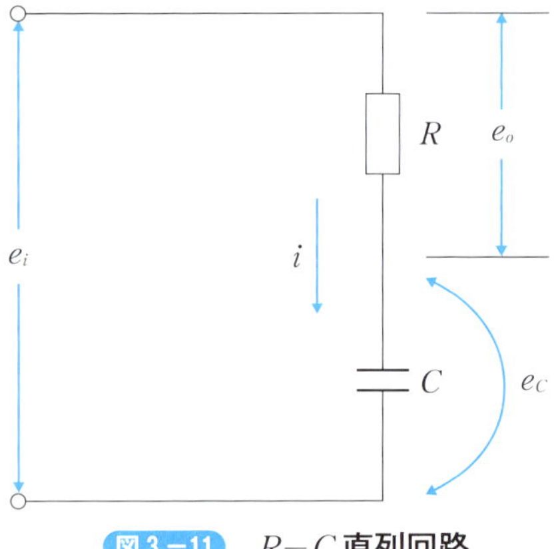

図3−11　$R-C$ **直列回路**

[解答]

図3−6と異なるところは出力を抵抗Rから取っていることです。

キルヒホッフの電圧の法則から、

$$e_i = e_C + e_O$$
$$= \frac{1}{C}\int idt + Ri$$

が得られます。$i = \frac{e_O}{R}$を代入します。

$$e_i = \frac{1}{C}\int \frac{e_O}{R}dt + R\frac{e_O}{R}$$
$$= \frac{1}{CR}\frac{e_O}{s} + e_O$$

ラプラス変換の表記にします。

$$E_I = E_O\left(\frac{1}{CRs} + 1\right)$$

伝達関数$G(s)$は、

$$\mathrm{G}(s) = \frac{E_O}{E_I}\frac{1}{\frac{1}{CRs}+1} = \frac{CRs}{1+CRs}$$

です。したがって、周波数伝達関数は、

$$G(j\omega)=\frac{j\omega CR}{1+j\omega CR}$$

となります。

答：$G(j\omega)=\dfrac{j\omega CR}{1+j\omega CR}$

周波数伝達関数についてもう少し説明を加えましょう！　少し見方を変えてみます。

信号には比較的ゆっくり変化するものや早く変化するもの、そして高周波を含んだものなどいろいろあります。これらの信号を扱うとき周波数領域で捉えれば、時間領域では捉えにくかった性質が明確になります。入力信号と出力信号の関係を表現する伝達関数も周波数領域で扱います。

特に、伝達要素の周波数領域における性質を表す周波数伝達関数は重要となります。

周波数伝達関数 $G(j\omega)$ は、一般に次のように表されます。**複素数**で表されます※注。

$$G(j\omega)=\frac{B(j\omega)}{A(j\omega)} \quad (3-13)$$

$$=\alpha(\omega)+j\beta(\omega)$$

ここで、$A(j\omega)$ は入力信号、$B(j\omega)$ は出力信号です。$\alpha(\omega)$ と $\beta(\omega)$ は複素数 $G(j\omega)$ の**実部**と**虚部**です。

このように周波数伝達関数 $G(j\omega)$ は、実数である角周波数 ω に対して複素数 $\alpha(\omega)+j\beta(\omega)$ を与える関数です。

複素数 $G(j\omega)$ の**絶対値**は、

$$|G(j\omega)|=\sqrt{\alpha(\omega)^2+\beta(\omega)^2} \quad (3-14)$$

となります。これを次のようにデシベル（dB）単位に変換したものをゲイン（*gain*）または**利得** G といいます。

$$G=20\log_{10}|G(j\omega)| \quad (3-15)$$

また、**複素角** $\angle G(j\omega)$ は、

$$\angle G(j\omega)=\tan^{-1}\frac{\beta(\omega)}{\alpha(\omega)} \quad (3-16)$$

で与えられます。これは**位相**（*phase*）といいます。単位は[度]、[°]または

※注：複素数については本章末の「コラム３－２　複素数」を参照。

$[deg]$ です。

ゲインと位相はともに角周波数 ω の関数です。ω に対するゲインの変化をゲイン特性、位相の変化を位相特性といいます。両者を合わせて周波数特性といいます※注。

重要項目

◇周波数伝達関数の定義

伝達要素に入力信号として正弦波を加えたとき、同じ周波数で定常値に達した正弦波の出力信号が得られたとして、以下のことが定義されます。

（1）入出力信号 (正弦波) の角周波数：ω

（2）角周波数 ω に対する伝達関数：$G(j\omega)$

（3）振幅比（伝達関数の絶対値）：$\dfrac{B}{A}=|G(j\omega)|$

（4）入力と出力のずれ（位相）：$\theta=\angle G(j\omega)$

これらは周波数伝達関数 $G(j\omega)$ を求める際の基本的な考え方になります。

◇比例要素

抵抗のみの回路で構成された電気回路をいいます。抵抗は直列回路、並列回路、直並列回路で構成されます。

周波数伝達関数は、定数を K とおいて、

$$G(j\omega)=K$$

と表されます。

◇積分要素

コンデンサ C のみで構成された電気回路をいいます。周波数伝達関数は、定数を K とおいて、

$$G(j\omega)=\frac{K}{j\omega}$$

と表されます。

◇微分回路

インダクタンス L のみで構成された電気回路をいいます。

周波数伝達関数は、定数を K とおいて、

※注：これらについては第 5 章で説明する。

$$G(j\omega)=j\omega K$$

と表されます。

◇1次遅れ要素

抵抗 R とコンデンサ C の直列回路、または抵抗 R とインダクタンス L の直列回路をいいます。

周波数伝達関数は、時定数を $T=RC$ または $T=\dfrac{L}{R}$ とおいて

$$G(j\omega)=\frac{1}{1+j\omega T}$$

と表されます。

◇2次遅れ要素

抵抗 R、コンデンサ C、インダクタンス L を直列接続した $R-L-C$ 回路をいいます。

周波数伝達関数は、時定数を T_1、T_2 とおいて、

$$G(j\omega)=\frac{1}{(1+j\omega T_1)(1+j\omega T_2)}$$

と表されます。

コラム3−1　三角関数

正弦波、三角関数、60分法、弧度法、角速度（角周波数）について説明します。

図3 −12は自転車の車輪のつもりです。

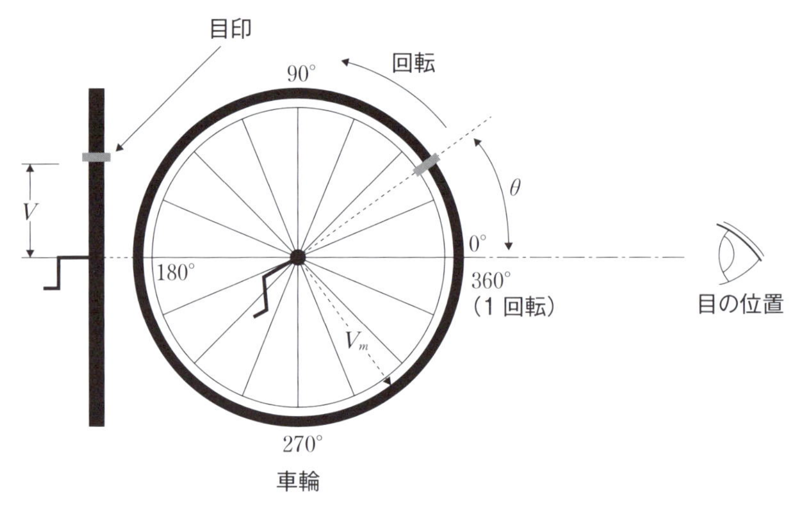

図3−12　車輪を回す

車輪のタイヤの1箇所に目印を付けておきます。車輪を“一定の速度”で回します。このとき、車輪の横方向から目印がどのような動きをするかを見てください。

図で表すと、図3 −13のように見えるはずです。

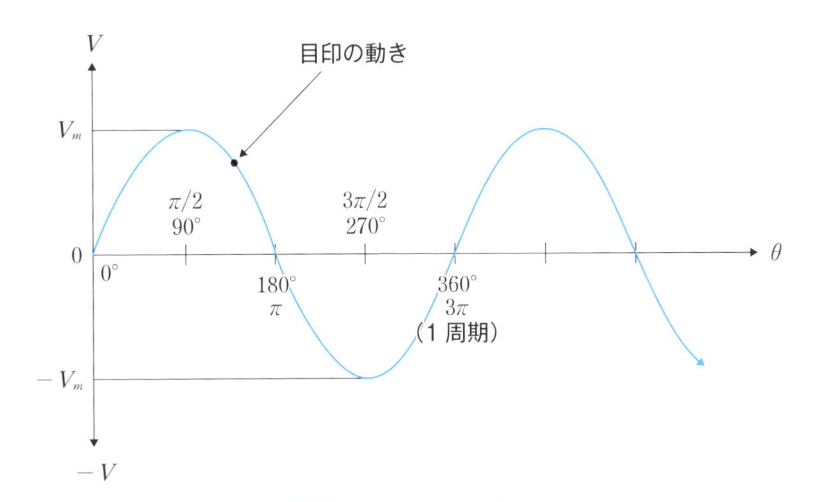

図3－13　タイヤの目印の動き

すなわち、横軸に車輪の回転角 θ を、縦軸に回転角 θ に対応したタイヤの目印の高さ V をとって、θ と V の関係をグラフにしたものです。

車輪の半径を V_m として θ と V の関係を式で表すと、

$$V = V_m \times \sin\theta \qquad (3-17)$$

となります。$\sin\theta$ は“サイン・シータ”と発音します。このような式を一般に三角関数と呼んでいます。

ここで、関数について少し説明しておきます。

関数 f という名前がついたある箱を用意します。この箱の入り口に θ を入れたときに、箱の出口から y が出てきたとします（図3－14）。

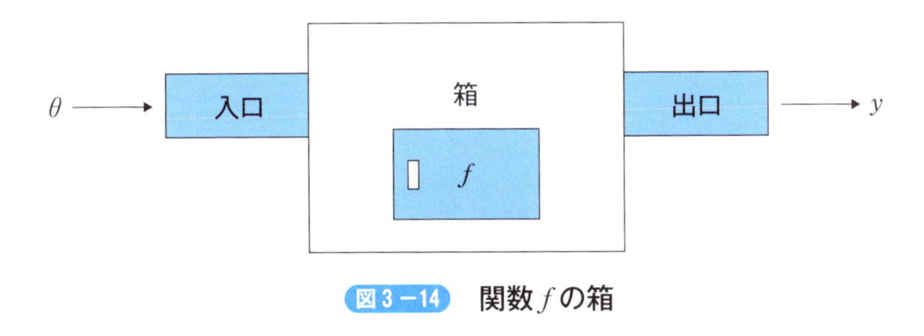

図3－14　関数 f の箱

このとき、関数の式は、

$$y = f(\theta) \qquad (3-18)$$

と表現します。

いま、関数fがsinであるとします。箱の入り口にθを入れたときに、箱の出口からyが出てきたとすると、関数の式は、

$$y=\sin\theta \quad (3-19)$$

となります。

式（3 −17）は式（3 −19）のsinθを単にV_m倍しただけです。

さて、話を図3 −13に戻します。

この目印の動きを波形として見ると、交流波形とまったく同じものになります。このような波形を**正弦波**といいます。一般家庭にきている100 Vの交流波形はこのような波形をしています。

式（3 −17）のV_mが波形の最大値に相当し、時間の経過が回転角θの変化に相当します。また、回転角θの時間的な変化、すなわち回転速度は交流波形の場合は周波数に相当します。

図中の横軸の角度θは度（°）またはラジアン（rad）という単位で表現されます。例えば、車輪の1回転または1周期をそれぞれの単位で表現すれば360 [°] または2π [rad] ということになります。

1周期を0 [°]〜360 [°] で表現する方法を**60分法**といい、0 [rad] 〜2π [rad] で表現する方法を**弧度法**といいます。

車輪を一定の速度で回すといいました。この回転速度のことを角速度または角周波数といいます。一般にω（“オメガ” と発音）で表します。単位は弧度法で [rad/s]（sは秒のこと）を使います。

ここで、ωt [rad]（tは時間、単位はs）は角度θ [rad] に等しくなります。

すなわち、ωtの単位⇒ [rad/s]×[s]＝[rad] から、

$$\omega t=\theta \quad (3-20)$$

です。

交流波形で一般的に使われている周波数f（単位は [Hz]）と角周波数ωとの間には、

$$\omega=2\pi f \quad (3-21)$$

の関係が成り立ちます。

例えば、周波数f=50[Hz] の場合は、角周波数は$\omega=2\pi\times50=100\pi$ [rad/s] となります。車輪の回転でいえば、2πは60分法で360 [°]（1回転）となるので、「×50」は1秒間に50回転することになります。

コラム3－2　複素数

　複素数はフィードバック制御やシステム制御を学ぶうえでたいへん重要です。以降の章で説明する安定判別法や根軌跡法で必要になります。複素数と聞くと違和感があり、難しいというイメージがありますが、平面図で考えると比較的理解しやすいと思います。
図3－15を見てください。数の列と電気の関わり合いを示す一例です（ボルトなどの単位は参考です）。数を直線上に並べたものを数列と呼んでいます。一口に数といっても、整数、小数、分数、無理数などがあります。これらの数は正（+、プラス）から負（−、マイナス）の領域にわたっています。ゼロも数の1つです。ゼロは数としては“0”ですが、電気の世界には大地電圧（アース、グラウンド）、電気回路では基準電圧（ゼロボルト）を指します。

◇整数

　整数は数列の中の、−12、0、50、90、100、6000といった数です。0、1、2、……のような正の数を自然数といいます。

◇小数

　小数は数列の中の −14.5、0.03、1.2のような数です。1の位で割り切れない数は小数となります。小数は次の分数とともに整数をはみ出した数です。

◇分数

　分数は数列の中の1/2、10/3などの数です。分数は計算過程で出てきます。計算した結果が整数になったり小数になったりします。
　分数を数学の世界では有理数（“ゆうりすう”と発音）といいます。

◇無理数

　無理数（“むりすう”と発音）は$\sqrt{2}$や$\sqrt{3}$のように$\sqrt{\ }$（ルート）をつけて表す数をいいます。また、π（=3.14 ……）も無理数です。電気では$\sqrt{2}$は交流波形の実効値と最大値の換算に、$\sqrt{3}$は三相交流の相電圧と線間電圧の換算に使います。

　整数、小数、分数、無理数を整理すると、表3－1のようになります。これらの数は数列である直線上を通過する数の集まりといえます。数学ではこれらの数をまとめて**実数**（“じっすう”と発音）といっています。

表3-1　数の種類

数	実数	整数	−12、0、50、90、100	正の数を自然数
		小数	−14.5、0.03、1.2、15.2	
		分数	1/2、10/3	有理数
		無理数	$\sqrt{2}$、$\sqrt{3}$	
	複素数	実数と虚数の組み合わせ	j、$1+j2$、$6-4j$	虚数単位：i

それでは複素数とはどのような数をいうのでしょうか？

最初に、負の数について図3−16で説明します。

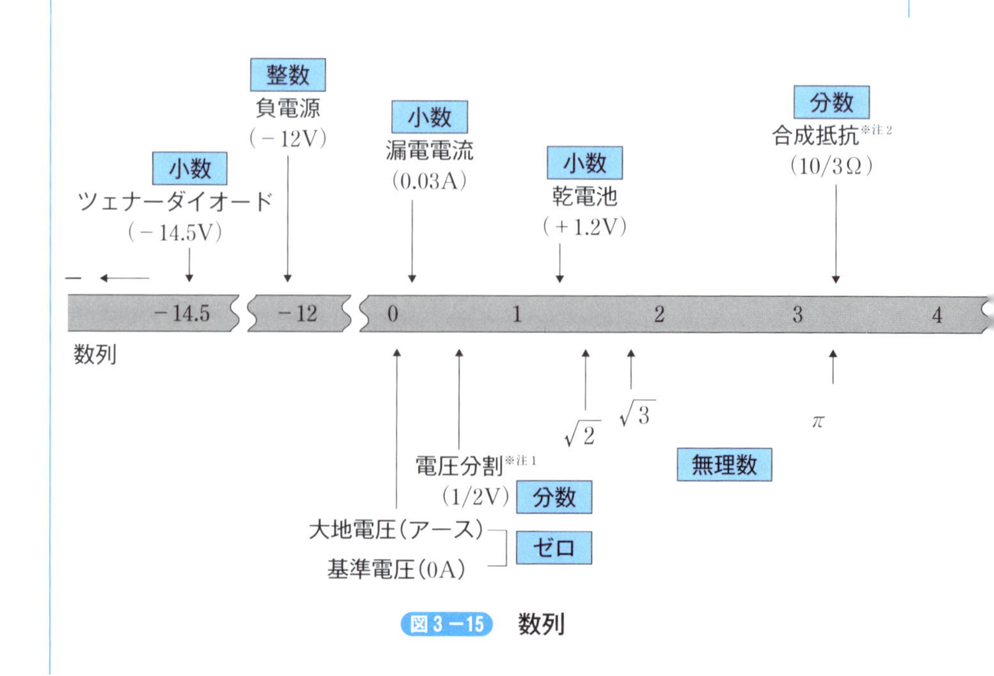

図3−15　数列

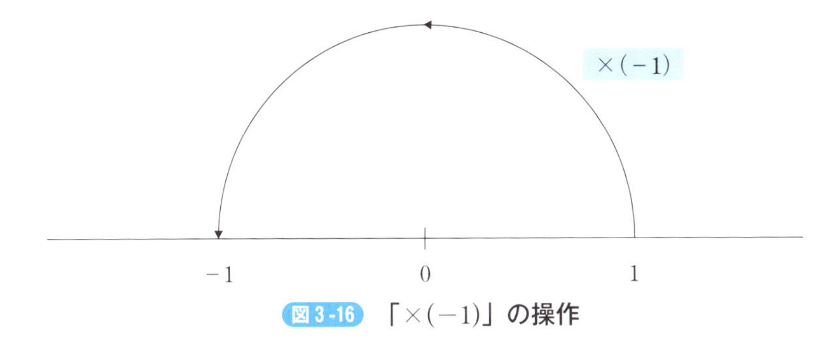

図3-16　「×(−1)」の操作

図の例は、−1の場合です。−1は整数1に−1を掛けた数です。

すなわち、

$$1\times(-1)=-1$$

です。

「×(−1)」の操作は0を中心に180度回転することを意味します。

次に、方程式$x^2=-1$の場合のxの答えを考えます。2乗して−1になるxの答えです（数学では答えのことを“解”といいます）。実は、このxが複素数です。

2乗して−1になる操作を次のように考えます。

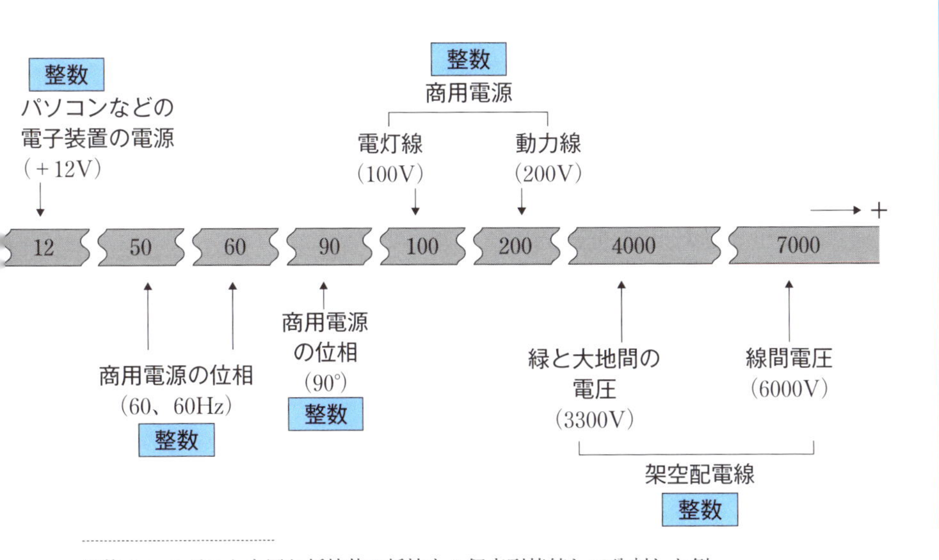

※注1：1ボルトを同じ抵抗値の抵抗を2個直列接続して分割した例
※注2：5オームと10オームを並列接続した場合の合成抵抗の例

図３－17を見てください。０を中心にして90度回転させる数を新たに考え、２回の回転操作180度の回転）で－１になるとします。

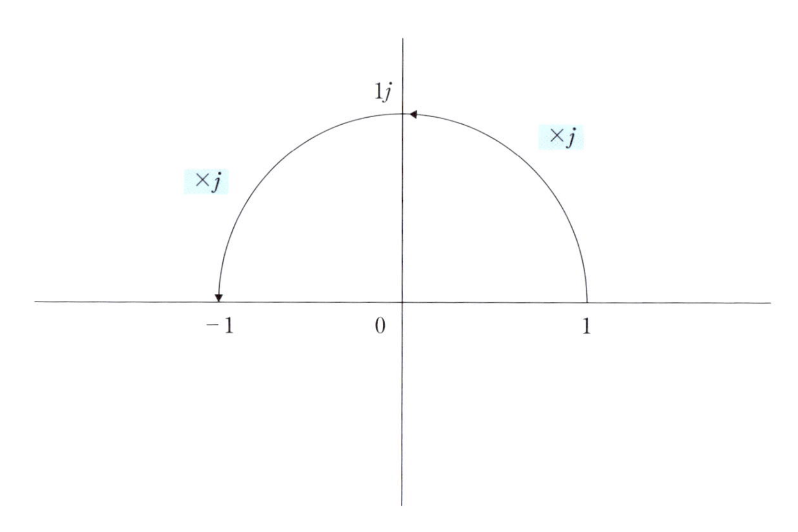

図３－17　方程式 x^2 の ＝－1 場合の回転操作

すなわち、x を j とおいて、

$$(1\times j)\times j=-1$$

のように考えます。

最初の操作（90度回転）で、

$$1\times j=j$$

です。

２回目の操作（90度回転）で、

$$(1\times j)\times j=1\times j^2=-1$$

です。

したがって、x は $x^2=-1$ から、

$$x=j=\sqrt{-1} \qquad (3-22)$$

となります。ここで、j のことを**虚数単位**※注といいます。また、$j^2=-1$ と定義します。

図３－17のような平面を**複素平面**といいます。横軸はこれまでと同じ数列

※注：または i と表現するが、本書では j に統一する。

を表す直線で実軸（“じっじく”と発音）といいます。これに対して縦軸を虚軸（“きょじく”と発音）といいます。

上記の x の解は実軸上には存在せず、縦軸上の j になります。

複素数（*complex number*）は一般的に、

$$\dot{x} = a + bj \qquad (3-23)$$

と表現します。a は実数を表し、b は虚数といいます。上記の解 $x=j$ は $a=0$、$b=1$ の場合です。

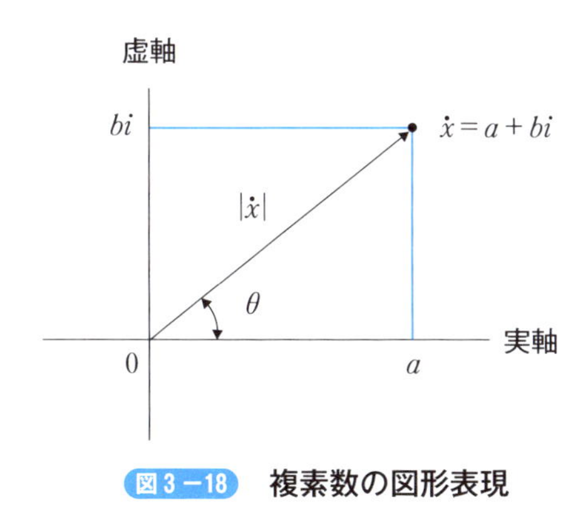

図3－18　複素数の図形表現

複素平面上では、$\dot{x}=a+bj$ は図3－18のように書きます。このとき、$\dot{x}$ をベクトルといいます。x のベクトルを $\dot{x}$ または太字の $\boldsymbol{x}$ と書きます（本書ではドットをつける表現にします）。ベクトルの長さ $|\dot{x}|$ と角度 θ はそれぞれ

$$|\dot{x}| = \sqrt{a^2 + b^2} \qquad (3-24)$$

$$\theta = \angle \dot{x} = \tan^{-1} \frac{b}{a} \qquad (3-25)$$

となります。

このときベクトル $\dot{x}$ は、

$$\dot{x} = |\dot{x}| \angle \theta \qquad (3-26)$$

のように表現することができます。

このように、実数は横軸である直線上の数列でしたが、複素数は実数と虚数の組み合わせで表される平面上の数ということになります。以下は、複素数の和、差、積、商の計算式です。ここで、$j^2=-1$ であることに注意します。

◇**和の場合**

$$(a+jb)+(c+jd)=(a+c)+j(b+d) \tag{3−27}$$

◇**差の場合**

$$(a+jb)-(c+jd)=(a-c)+j(b-d) \tag{3−28}$$

◇**積の場合**

$$(a+jb)\times(c+jd)=(ac-bd)+j(ad+bc) \tag{3−29}$$

$$ja\times(-jb)=ab \tag{3−30}$$

◇**商の場合**

$$\frac{(a+jb)}{(c+jd)}=\frac{(a+jb)\times(c-jd)}{(c+jd)\times(c-jd)}=\frac{(ac+bd)+j(bc-ad)}{c^2+d^2}$$

$$=\frac{ac+bd}{c^2+d^2}+j\frac{bc-ad}{c^2+d^2} \tag{3−31}$$

第4章 フィードバック制御系の応答

フィードバック制御系の過渡応答と周波数応答について説明します。過渡応答についてはステップ応答とインパルス応答を、周波数応答についてはベクトル軌跡による表示法を説明します。過渡応答は１次遅れ要素の応答波形について、周波数応答は比例要素、積分要素、１次遅れ要素のベクトル軌跡の書き方について説明します。説明には数式が多くでてきますが、個々には難しい式の表現は使っておりません。式を目で追いながら読み進んでください。

4－1 過渡応答

フィードバック制御系の特性を調べる方法に過渡応答と周波数応答があります。既知の入力信号を加えたときに制御系が時間的にどのように変化して平衡状態に落ち着くかを調べる方法です。このような出力応答を一般的に動特性（*dynamic performance*）と呼んでいます。

過渡応答にはステップ応答とインパルス応答があります。

ステップ応答とは、ある大きさの階段状のステップ信号を加えたときの出力応答をいいます。特に、大きさが1のステップ信号（単位ステップ信号、図4－1）を加えたときの応答をインディシャル応答（*indicial response*）といいます。

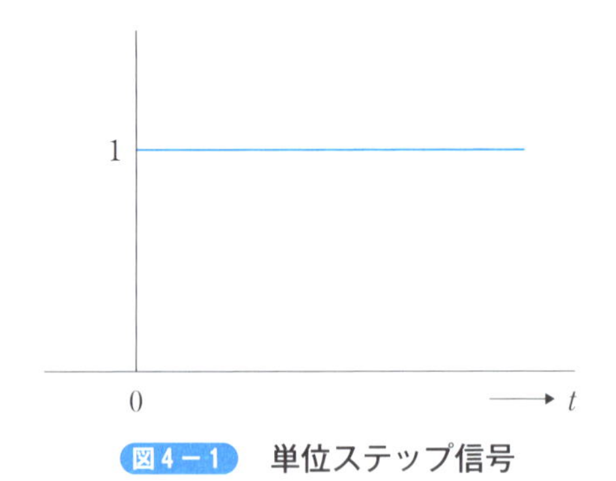

図4－1　単位ステップ信号

単位ステップ信号は数学記号で表すと、

$$\begin{cases} t < 0 & 0 \\ t \geq 1 & 1 \end{cases} \qquad (4-1)$$

となります。時間関数として $1(t)$ と表記します。

インパルス応答（*impulse response*）は入力信号に単位インパルス（図4－2）加えたときの出力応答です。

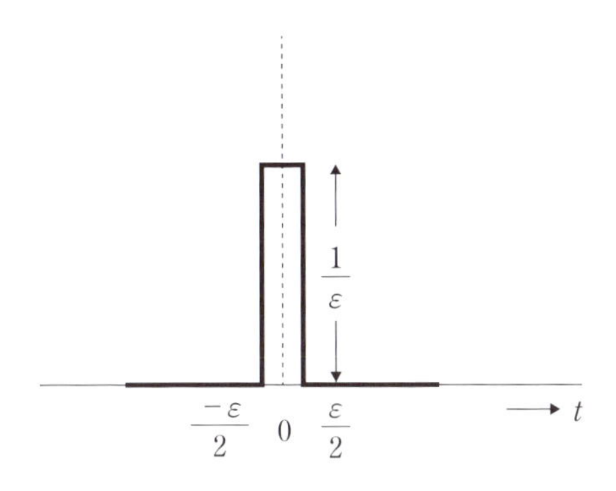

図4－2　単位インパルス

数学記号では、

$$\begin{cases} t = 0 & \delta(t) \neq 0 \\ t \neq 0 & \delta(t) = 0 \end{cases} \qquad (4-2)$$

$$\int_{-\infty}^{\infty} \delta(t) dt = 1$$

と表します。ここで、$\delta(t)$ は単位インパルスのことで数学ではデルタ関数と呼びます。

幅 ε で高さ $\frac{1}{\varepsilon}$ の単位方形波（面積は1）で、$\varepsilon \to 0$ に近づけた極限の方形波を単位インパルスと定義しています。

4－2 インディシャル応答

1次遅れ要素のインディシャル応答について取り上げます。第3章の図3－6（$R-C$ 直列回路）をもう一度見てください。

これの伝達関数 $G(s)$ は、

$$G(s)=\frac{1}{1+RCs}$$
$$=\frac{\frac{1}{RC}}{\frac{1}{RC}+s}$$
$$=\frac{a}{s+a}$$

でした。ここで $a=\frac{1}{RC}\,(>0)$ とおいています。

単位ステップ信号のラプラス変換は、

$$L\{1(t)\}=\frac{1}{s} \qquad (4-3)$$

です（表2－2[※注1]）。"L" はラプラス変換の記号です。

出力 $Y(s)$ は $X(s)=\frac{1}{s}$ として、

$$Y(s)=G(s)X(s)$$

から

$$Y(s)=\frac{a}{s+a}\,\frac{1}{s}$$
$$=\frac{1}{s}-\frac{1}{s+a}$$

となります。**部分分数**[※注2]に展開しています。

※注1：表2－2は、第2章末のコラム2－2「ラプラス変換の変換例」に掲載。

※注2：部分分数に展開するとは、$\frac{2x}{x^2-1}=\frac{1}{x+1}+\frac{1}{x-1}$ の例のように分母を因数分解して、いくつかの分数に分けることをいう。部分分数を通分すると $\frac{1}{x+1}+\frac{1}{x-1}=\frac{(x-1)+(x-1)}{(x+1)(x-1)}=\frac{2x}{x^2-1}$ になる。

$Y(s)$ をラプラス逆変換して時間の関数 $y(t)$ にします。

$y(t)=L^{-1}\{Y(s)\}=Y(s)$ をラプラス逆変換して時間の関数 $y(t)$ にします。

$$y(t)=L^{-1}\{Y(s)\}=L^{-1}\left\{\frac{1}{s}\right\}-L^{-1}\left\{\frac{1}{s+a}\right\}=1-e^{-at}$$

“L^{-1}” はラプラス逆変換の記号です。表2－2を見ながら個々に逆変換します。時間 t の関数が得られました。これを**時間関数**といいます。

時間関数のグラフを作成します。

横軸に時間 t をとり、縦軸に $y(t)$ をとります。図4－3のようになります。時間 t が大きくなるに従って、$y(t)$ は1に漸近します。

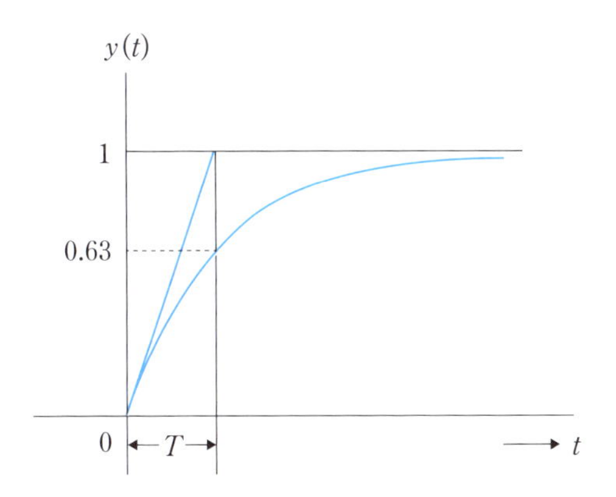

図4－3　1次遅れ要素のインディシャル応答

1次遅れ要素で $T=RC\left(=\frac{1}{a}\right)$ を時定数といいましたが、これを $y(t)$ の式に代入します。

$$\begin{aligned}y(t)&=1-e^{-aT}\\&=1-e^{-a\frac{1}{a}}\\&=1-e^{-1}\\&=0.63\end{aligned}$$

これより時間 $t=T$ は出力 $y(T)$ の値が最終値（$t=\infty$）である $y(\infty)=1$ の約63%に達するまでの時間を表していることがわかります。この関係を図中に示しています。

また、$y(t)$ を t で微分して、$t=0$ とおいてみます。

次のようになります。

$$\frac{dy(t)}{dt}=ae^{-at}$$

$$\left.\frac{dy(t)}{dt}\right|_{t=0}=ae^{0}=a=\frac{1}{T}$$

したがって、時定数 T は $t=0$ における接線（勾配が $\frac{1}{T}$）が出力 $y(t)$ の最終値と交わる時間であるといえます。

4－3 インパルス応答

同じように、1次遅れ要素である $R-C$ 直列回路についてインパルス応答を取り上げます。

単位インパルスのラプラス変換は、

$$L\{\delta(t)\}=1 \qquad (4-4)$$

です。

出力 $Y(s)$ は $X(s)=1$ として、

$$Y(s)=G(s)X(s)$$

から

$$Y(s)=\frac{a}{s+a}1$$

$$=\frac{a}{s+a}$$

となります。

$Y(s)$ をラプラス逆変換して時間の関数 $y(t)$ にします。

$$y(t)=L^{-1}\{Y(s)\}=L^{-1}\left(\frac{a}{s+a}\right)=ae^{-at}$$

これをグラフにします。図4－4のようになります。先鋭なインパルスを加えても出力は少し"なまった"波形になってしまいます。一般にインパルス応答を $g(t)$ と表記します。

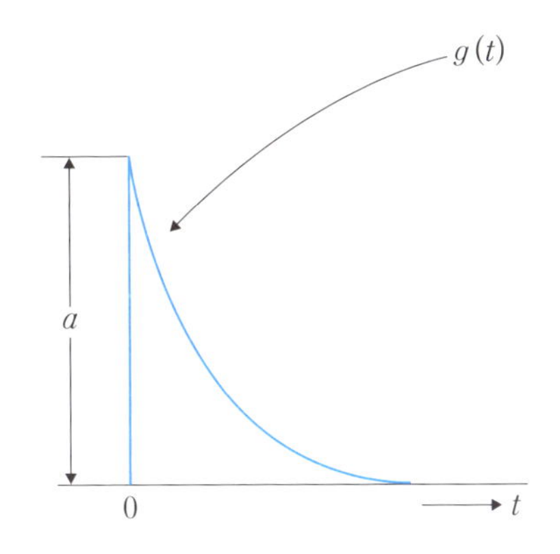

図4－4　1次遅れ要素のインパルス応答

[例題 4 − 1]

第 3 章の図 3 − 7 の $R-L$ 直列回路のインディシャル応答 $y(t)$ を求めなさい。また、時間 t と $y(t)$ の関係をグラフにしなさい。

[解答]

$R-L$ 回路の伝達関数は、

$$\mathrm{G(s)}=\frac{1}{1+\dfrac{L}{R}s}=\frac{\dfrac{R}{L}}{\dfrac{R}{L}+s}=\frac{b}{s+b}$$

となります。ここで、$b=\dfrac{R}{L}=\dfrac{1}{T}$（T は時定数）です。これは $R-C$ 回路の伝達関数と同じ表記です。

したがって、インディシャル応答は、

$$y(t)=1-e^{-bt}$$

となります。

グラフは図 4 − 3 と同じになります。

答：$y(t)=1-e^{-bt}$、グラフは図 4 − 3 と同じ。

4－4 周波数応答

周波数応答（*frequency response*）とは、入力信号に正弦波（*sine wave*）信号を用いて周波数を0〜∞に変化したときの出力応答をいいます。前章の図3－1の方法です。このとき必要となるのが周波数伝達関数です。周波数応答の表示法にはベクトル軌跡とボード線図があります。本章では、ベクトル軌跡について説明します[※注1]。

制御系に正弦波入力を加えたとき、出力が同じ周波数の正弦波の出力が得らたとすると、周波数伝達関数の定義[※注2]から、

$$\text{周波数伝達関数} = \frac{\text{出力正弦波信号}}{\text{入力正弦波信号}}$$

となります。

一方、交流理論から入力と出力が正弦波であれば、交流はベクトルで表すことができます[※注3]。

入出力信号の振幅比$\dfrac{B}{A}=|G(j\omega)|$において、入力正弦波信号の大きさが$A=1$の基準ベクトルであれば、出力$B$の大きさは

$$B=A\times|G(s)|=1\times|G(s)|=|G(s)|$$

となり、周波数伝達関数の絶対値に等しくなります。また、出力の位相は周波数伝達関数の位相そのものになります。

すなわち、

$$\theta=\angle G(s)$$

です。

このことから、入力正弦波信号が大きさ1の基準ベクトルであれば、周波数伝達関数は出力正弦波信号そのものになります。以下で説明するベクトル軌跡は、この場合について考えます。

図4－5を見てください。

※注1：ボード線図については第5章で説明する。
※注2：3章の式（3－1）または式（3－2）を参照。
※注3：交流と正弦波については第3章のコラム3－1「三角関数」を参照。

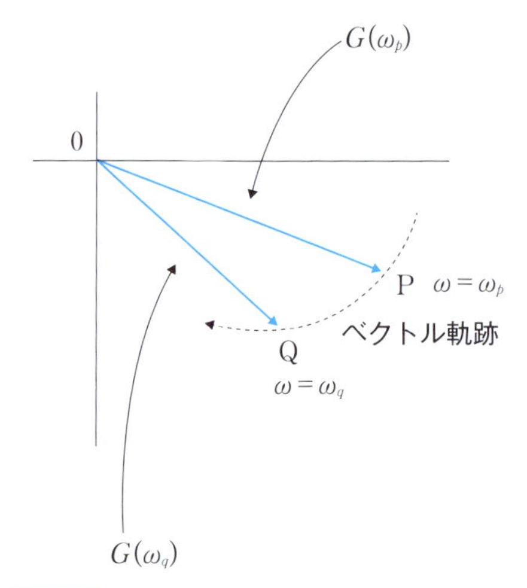

図4−5　周波数伝達関数のベクトル軌跡

$\omega=\omega_{\mathrm{p}}$ のときの周波数伝達関数 $G(\omega_{\mathrm{p}})$ のベクトルが $0P$ になったとします。周波数を変化させて、$\omega=\omega_{\mathrm{p}}$ のときのベクトルが $0Q$ になったとします。このように ω を変化させてベクトルを描いていき、ベクトルの先端を結んでいきます。

図中の破線のような曲線が得られました。

ω を0から ∞ まで変化させたときの曲線をベクトル軌跡といいます。特に、**一巡伝達関数**の周波数応答のベクトル軌跡を**ナイキスト線図**※注1いいます。

なお、周波数伝達関数は、第3章の末尾で説明したように、複素数

$$G(j\omega)=\alpha(\omega)+j\beta(\omega)$$

で表されます。図4−5の横軸を実軸、縦軸を虚軸とする複素平面とすると、ベクトルの大きさは、

$$|G(j\omega)|=\sqrt{\alpha(\omega)^2+\beta(\omega)^2}$$

となり、位相は複素角の

$$\angle G(j\omega)=\tan^{-1}\frac{\beta(\omega)}{\alpha(\omega)}$$

となります。$\tan^{-1}$ は逆三角関数の1つで“アークタンゼント”と発音します。$y=\tan x \Leftrightarrow x=\tan^{-1} y$ の関係です※注2。

図4−6は複素平面におけるベクトルの大きさと位相の関係です。

通常、ベクトル軌跡は複素平面上で表します。

第3章で取り上げた具体な回路について、ベクトル軌跡を描いてみます。

※注1：ナイキスト線図については第6章で説明する。

※注2：本章末のコラム4−1「三角関数の種類」を参照。

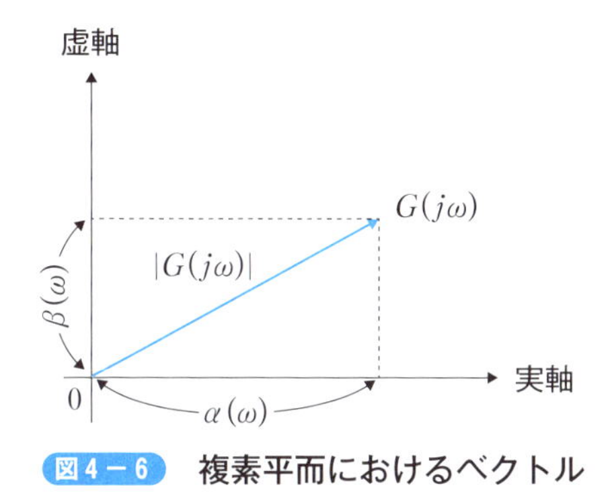

図4－6　複素平面におけるベクトル

4－4－1　比例要素

比例要素の周波数伝達関数は、

$$G(j\omega)=K$$

です（$K>0$とする）。これを次のように書き直します。複素数の表記にします。

$$G(j\omega)=K+j0$$

すなわち、実部がKで、虚部は0です。

ベクトルの大きさは、

$$|G(j\omega)|=\sqrt{K^2+0}=K$$

となります。ωに無関係に一定の値（K）をとります。ωを0から∞まで変化させてもベクトルの大きさはKです。

位相は、

$$\angle G(j\omega)=\tan^{-1}\frac{0}{K}=0$$

となります。位相は常に0で、ωで変化しません。

したがって、ベクトル軌跡は実軸上で大きさKの位置の点になります。図4－7のようになります。

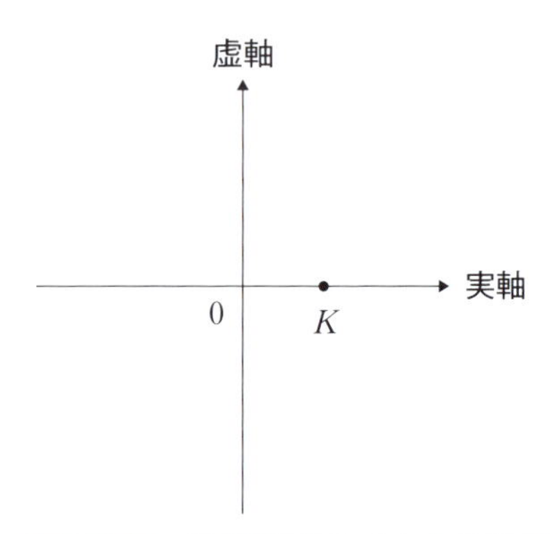

図4−7　比例要素のベクトル軌跡

4−4−2　積分要素

積分要素の周波数伝達関数は、

$$G(j\omega)=\frac{K}{j\omega}$$

です。

次のように書き直します。分母と分子に $-j\omega$ を掛けます。

$$G(j\omega)=\frac{K(-j\omega)}{j\omega(-j\omega)}$$

$$=\frac{-j\omega K}{\omega^{2}}$$

$$=0+j\frac{-K}{\omega}$$

実部は0で、虚部は $-\dfrac{K}{\omega}$ です。

ベクトルの大きさは、

$$|G(j\omega)|=\sqrt{0+\left(-\frac{K}{\omega}\right)^{2}}=\frac{K}{\omega}$$

となります。

位相は、

$$\angle G(j\omega)=\tan^{-1}\frac{\frac{-K}{\omega}}{0}=-\tan^{-1}\infty=-90^{\circ}$$

となります。位相は ω に関係なく常に -90° です。

ω を0から ∞ まで変化させます。両極端である $\omega=0$ と $\omega=\infty$ の場合につい

て考えます。

$\omega=0$ のときのベクトルの大きさは、

$$|G(j0)|=\frac{K}{0}=\infty$$

となります。ベクトルは位相が $-90°$ であることから負の虚軸上で ∞ 方向にあります。

$\omega=\infty$ のときのベクトルの大きさは、

$$|G(j\infty)|=\frac{K}{\infty}=0$$

となります。ベクトルは負の虚軸上にあり、大きさは0です。すなわち、原点（0、0）の位置になります。

したがって、ベクトル軌跡は負の虚軸上 ∞ 方向から原点0に向かう軌跡になります。複素平面に描くと図4－8のようになります。

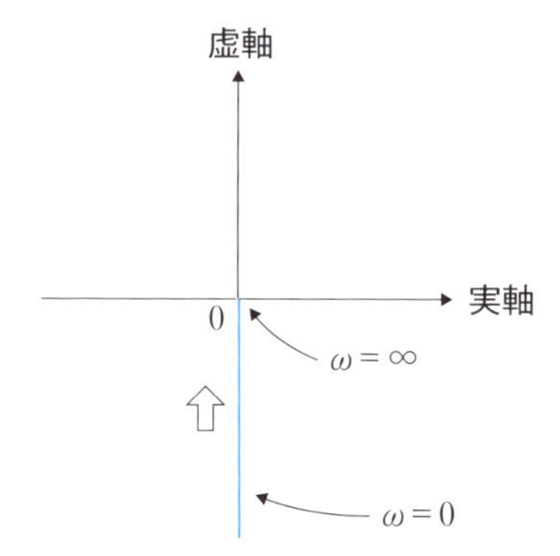

図4－8　積分要素のベクトル軌跡

4－4－3　1次遅れ要素

1次遅れ要素（$R-C$ 直列回路、$R-L$ 直列回路）の周波数伝達関数は、

$$G(j\omega)=\frac{1}{1+j\omega T}$$

です。T は時定数です。

周波数伝達関数を次のように実部と虚部に書き直します。分母と分子に（$1-j\omega T$）を掛けます。

$$G(j\omega)=\frac{1-j\omega T}{(1+j\omega T)(1-j\omega T)}$$

$$= \frac{1 - j\omega T}{1 + \omega^2 T^2}$$

$$= \frac{1}{1 + \omega^2 T^2} + j\frac{-\omega T}{1 + \omega^2 T^2}$$

これよりベクトルの大きさは、

$$G(j\omega) = \sqrt{\left(\frac{1}{1 + \omega^2 T^2}\right)^2 + \left(\frac{-\omega T}{1 + \omega^2 T^2}\right)^2}$$

$$= \sqrt{\frac{1 + \omega^2 T^2}{(1 + \omega^2 T^2)^2}}$$

$$= \sqrt{\frac{1}{1 + \omega^2 T^2}}$$

$$= \frac{1}{\sqrt{1 + \omega^2 T^2}}$$

となります。

位相は、

$$G(j\omega) = \tan^{-1}\frac{\dfrac{-\omega T}{1 + \omega^2 T^2}}{\dfrac{1}{1 + \omega^2 T^2}}$$

$$= -\tan^{-1}\omega T$$

となります。

ω を 0 から ∞ まで変化させます。同じように、$\omega = 0$ と $\omega = \infty$ の場合で考えます。

$\omega = 0$ のときのベクトルの大きさと位相は、

$$|G(j0)| = \frac{1}{\sqrt{1 + 0 \cdot T^2}} = 1$$

$$\angle G(j0) = -\tan^{-1} 0 = 0$$

となります。ベクトルは実軸上にあり、大きさ 1 です。

$\omega = \infty$ のときのベクトルの大きさと位相は、

$$|G(j\infty)| = \frac{1}{\sqrt{1 + \infty \cdot T^2}} = \frac{1}{\infty} = 0$$

$$\angle G(j\infty) = -\tan^{-1} \infty = -90$$

となります。ベクトルは負の虚軸上に漸近し、大きさ 0 の矢印です。すなわち、原点（0、0）の位置になります。

ベクトル軌跡、は $\omega = 0$ における実軸上の 1 の点 P から出発して $\omega = \infty$ で負の虚軸に近づきながら原点 0 に終着します。複素平面に描くとベクトル軌跡は図

4－9のようになります。

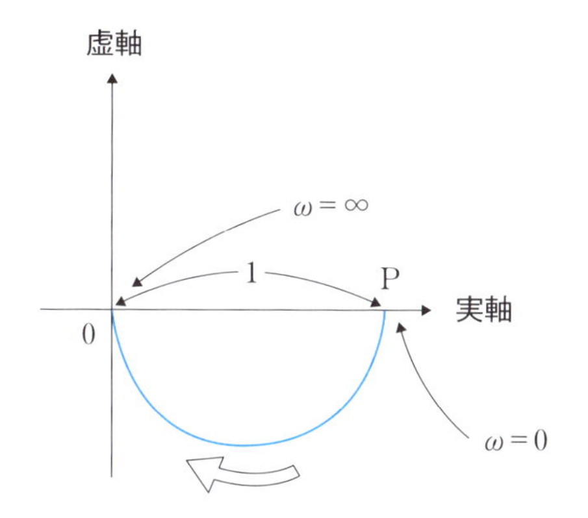

図4－9　**1次遅れ要素のベクトル軌跡**

ベクトル軌跡についてもう少しく詳しく見てみます。

図4－10を見てください。

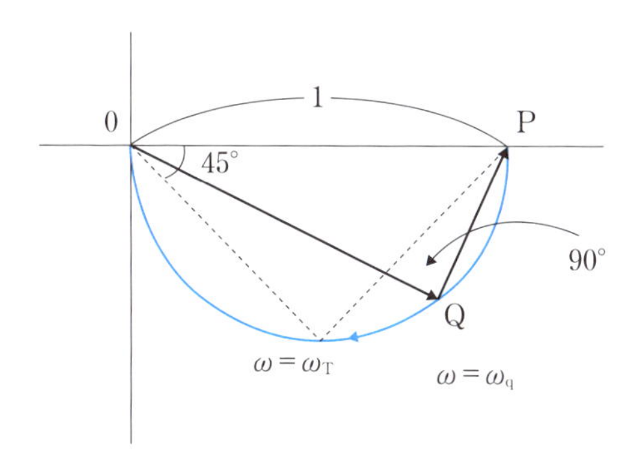

図4－10　$\omega=\omega_q$ **におけるベクトルの関係**

任意の $\omega=\omega_q$ における軌跡上の Q 点を取って、ベクトル $0Q$ と QP について考えてみます。

ベクトル $0P$（ベクトルを $\overrightarrow{0P}$ と表す）は $\overrightarrow{0P}=1$ です。したがって、三角形 $0QP$ について、

$$\overrightarrow{0Q}+\overrightarrow{QP}=\overrightarrow{0P}=1$$

が成立します。これから

$$\overrightarrow{QP}=1-\overrightarrow{0Q}$$

となります。ここで$\overrightarrow{0Q}=G(j\omega_q)$なので、

$$\overrightarrow{QP}=1-G(j\omega_q)$$

が得られます。

$$G(j\omega_q)=\frac{1}{1+j\omega_q T}$$

から、

$$\begin{aligned}\overrightarrow{QP}&=1-\frac{1}{1+j\omega_q T}\\&=\frac{j\omega_q T}{1+j\omega_q T}\\&=j\omega_q T\frac{1}{1+j\omega_q T}\\&=j\omega_q T\cdot G(j\omega_q)\end{aligned}$$

となります。これにより、$\overrightarrow{QP}$は$G(j\omega_q)$より位相が90°進んでいます（$-j$であれば90°位相が遅れる）。したがって、$\angle 0QP=90°$となり、三角形$0QP$は直角三角形になります。

これより、ベクトル軌跡は$0P=1$を直径とする半円になります。

ここで、$\omega_T=\frac{1}{T}$では、

$$\theta_T=\angle G(j\omega_T)=-\tan^{-1}\frac{1}{T}T=-\tan^{-1}1$$

から$\theta_T=-45°$になります。このことから$\omega_T=\frac{1}{T}$、は円弧の中心の角周波数であることがわかります。

[例題 4－2]

微分要素$G(j\omega)=j\omega K$のベクトル軌跡を描きなさい。

[解答]

複素数の表記に書き直します。

$$G(j\omega)=0+j\omega K$$

実部が0で虚部がωKです。

ベクトルの大きさは、

$$|G(j\omega)|=\sqrt{0+(\omega K)^2}=\omega K$$

です。

位相は、

$$\angle G(j\omega_{\mathrm{T}}) = \tan^{-1}\frac{\omega K}{0} = \tan^{-1}\infty = 90°$$

です。位相は ω に関係なく常に90°です。

ω については、これまでと同様に $\omega = 0$ と $\omega = \infty$ の場合で考えます。

$\omega = 0$ のときのベクトルの大きさは、

$$|G(j\omega)| = 0 \cdot K = 0$$

です。ベクトルは正の虚軸上にあり、大きさは0です。すなわち、原点（0、0）の位置になります。

$\omega = \infty$ のときのベクトルの大きさは、

$$|G(j\omega)| = \infty \cdot K = \infty$$

です。ベクトルは正の虚軸上の ∞ 方向にあります。

以上のことから、ベクトル軌跡は図4－11のようになります。

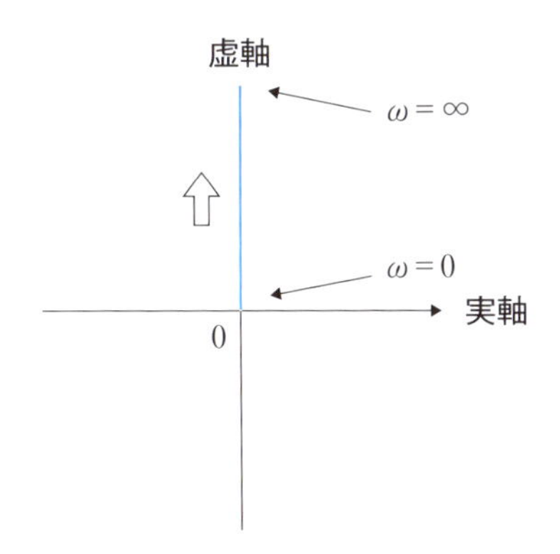

図4－11　微分要素のベクトル軌跡

答：図4－11

周波数伝達関数からベクトルの大きさと位相を求めるテクニックは、次のように覚えておくと便利です。

Ⅰ．$G(j\omega) = K \Rightarrow |G(j\omega)| = K$、$\angle G(j\omega) = 0$　（4－5）

Ⅱ．$G(j\omega) = \dfrac{1}{j\omega} \Rightarrow |G(j\omega)| = \dfrac{1}{\omega}$、$\angle G(j\omega) = -90°$　（4－6）

Ⅲ．$G(j\omega) = j\omega \Rightarrow |G(j\omega)| = \omega$、$\angle G(j\omega) = 90°$　（4－7）

Ⅳ． $G(j\omega)=\dfrac{1}{1+j\omega} \Rightarrow |G(j\omega)|=\dfrac{1}{\sqrt{1+\omega^2}}$　（４−８）

$\angle G(j\omega)=-\tan^{-1}\omega$

Ⅴ． $G(j\omega)=\dfrac{1}{j\omega(1+j\omega)} \Rightarrow |G(j\omega)|=\dfrac{1}{\omega\sqrt{1+\omega^2}}$　（４−９）

$\angle G(j\omega)=-90-\tan^{-1}\omega$

Ⅵ． $G(j\omega)=\dfrac{j\omega}{1+j\omega} \Rightarrow |G(j\omega)|=\dfrac{\omega}{\sqrt{1+\omega^2}}$　（４−10）

$\angle G(j\omega)=90-\tan^{-1}\omega$

Ⅶ． $G(j\omega)=\dfrac{K_1}{j\omega(1+jK_2\omega)}$

$\Rightarrow |G(j\omega)|=\dfrac{K_1}{\omega\sqrt{1+(K_2\omega)^2}}$　（４−11）

$\angle G(j\omega)=-90-\tan^{-1}(K_2\omega)$

Ⅴ～Ⅶは、Ⅰ～Ⅳの組み合わせで覚えておきます。

［例題４−３］

次の周波数伝達関数について、ベクトルの大きさと位相の式を求めなさい。上のテクニックを使うこと。

$$G(j\omega)=\frac{20}{(1+j0.3\omega)(1+j0.02\omega)}$$

［解答］

テクニックをそのまま当てはめていきます。

ベクトルの大きさは、

$$|G(j\omega)|=\frac{20}{\sqrt{1+(0.3\omega)^2}\sqrt{1+(0.02\omega)^2}}$$

となります。位相は、

$$\angle G(j\omega)=-\tan^{-1}(0.3\omega)-\tan^{-1}(0.02\omega)$$

となります。

このように機械的に求めることができます。

答：$|G(j\omega)|=\dfrac{20}{\sqrt{1+(0.3\omega)^2}\sqrt{1+(0.02\omega)^2}}$

$\angle G(j\omega)=-\tan^{-1}(0.3\omega)-\tan^{-1}(0.02\omega)$

［例題４－４］

次の周波数伝達関数が与えられている。

$$G(j\omega)=\frac{40}{j\omega(1+j0.5\omega)}$$

$\omega=2$、4、6 の場合のベクトル軌跡を図４－12の複素平面に描きなさい。

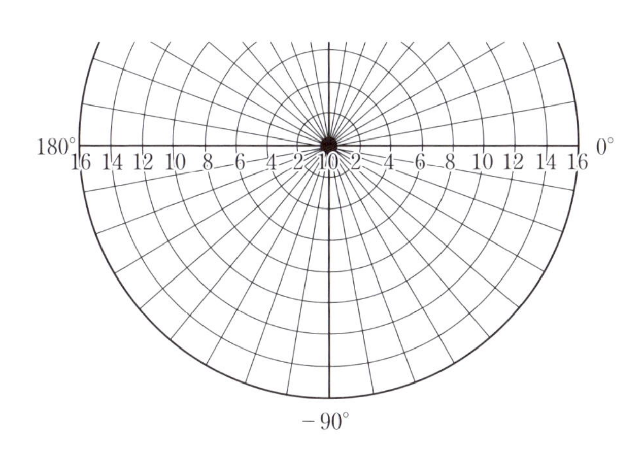

図４－12　**複素平面**

［解答］

ベクトルの大きさと位相は、上のテクニックを使って、それぞれ

$$|G(j\omega)|=\frac{40}{\omega\sqrt{1+(0.5\omega)^2}}$$

$$\angle G(j\omega)=-90-\tan^{-1}(0.5\omega)$$

となります。

与えられた ω の数値を代入します。

・$\omega=2$

$$|G(j\omega)|=\frac{40}{2\sqrt{1+1^2}}=\frac{20}{\sqrt{2}}=14.14$$

$$\angle G(j\omega)=-90-\tan^{-1}1=-90-45=-135°$$

・$\omega=4$

$$|G(j\omega)|=\frac{40}{4\sqrt{1+2^2}}=\frac{10}{\sqrt{5}}=8.94$$

$$\angle G(j\omega)=-90-\tan^{-1}2=-90-63.4=-153.4°$$

・$\omega=6$

$$|G(j\omega)| = \frac{40}{6\sqrt{1+3^2}} = \frac{20}{3\sqrt{10}} = 2.11$$

$$\angle G(j\omega) = -90 - \tan^{-1}3 = -90 - 71.6 = -161.6°$$

これらを複素平面上にプロットします。横軸または縦軸方向に $|G(j\omega)|$ の値を取り、同心円上に角度 $\angle G(j\omega)$ の値を取り、その交点をプロットします。各 ω に対応した3点をプロットして線で結んだのが図4－13です。このようにしてベクトル軌跡を描くことができます。

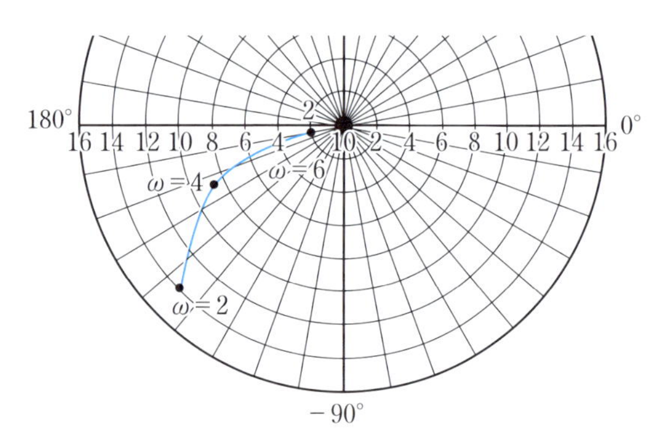

図4－13　複素平面にベクトル軌跡を描く

答：図4－13

重要項目

◇ステップ応答とインディシャル応答

フィードバック制御系の過渡応答を調べる方法の1つで、入力信号にある大きさの階段状のステップ信号を加えたときの出力応答をステップ応答といいます。特に、大きさが1の単位ステップ信号を加えたときの応答をインディシャル応答といいます。

◇インパルス応答

フィードバック制御系の過渡応答を調べるもう1つの方法です。入力信号に単位インパルスを加えたときの出力応答をいいます。

◇周波数応答

フィードバック制御系に正弦波信号を加え、周波数を0～∞に変化させたときの出力応答を調べる方法です。具体的には、入力に正弦波信号の大きさが1の基準ベクトルを加えたときの周波数伝達関数（出力正弦波信号）のベクトル軌跡を描きます。ベクトル軌跡は複素平面上を描きます。

コラム4－1　三角関数の種類

三角関数は非常に多くの種類があります。

基本になる三角関数はサイン（正弦）sin、コサイン（余弦）cos、タンジェント（正接）tan です。

図4－14の三角形で、サイン、コサイン、タンジェントを式で表すと以下のようになります。

$$\sin\theta = \frac{b}{c}$$

$$\cos\theta = \frac{a}{c}$$

$$\tan\theta = \frac{b}{a}$$

具体的な θ の値でタンジェントを計算すると、例えば $\tan 45° = 1$ 、$\tan 0° = 0$ 、$\tan 90° = \infty$ となります。

$\tan 45° = 1$ の場合は $a = b$ の二等辺三角形の場合です。

$\tan 0° = 0$ の場合は $b = 0$ の場合です。

$\tan 90° = \infty$ の場合は b が無限大に長い場合（$b = \infty$）です。

これらを逆三角関数で表すと、$45° = \tan^{-1} 1$、$0° = \tan^{-1} 0$、$90° = \tan^{-1} \infty$ のように書きます。sin、cos の場合も $30° = \sin^{-1} 0.5$、$60° = \cos^{-1} 0.5$ のように書きます。$\sin^{-1}$ をアークサイン、$\cos^{-1}$ をアークコサンインといいます。

なお、図4－14のように直角三角形の場合には以下の式が成り立ちます。

$$\tan\theta = \frac{\sin\theta}{\cos\theta}$$

$$(\sin\theta)^2 + (\cos\theta)^2 = 1 \quad \text{または} \quad \sin^2\theta + \cos^2\theta = 1$$

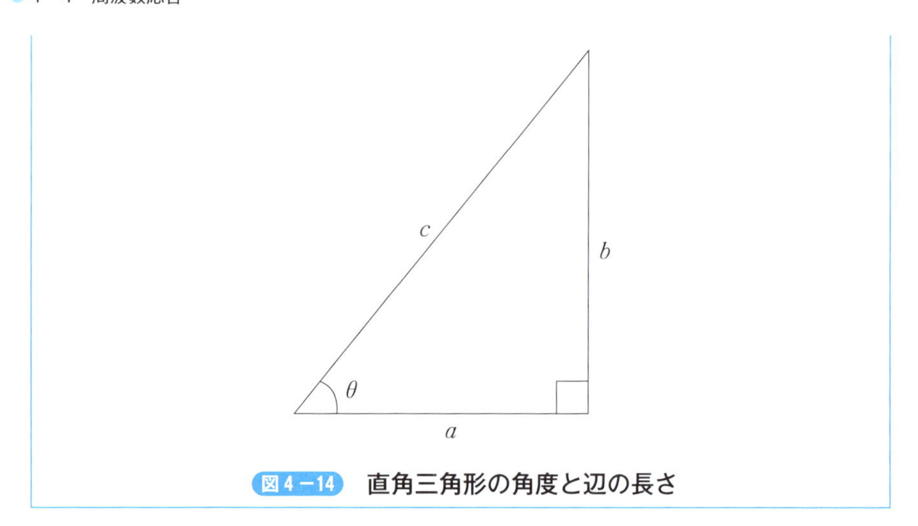

図4−14　直角三角形の角度と辺の長さ

第5章 ボード線図

周波数応答でもう１つ重要な表示法であるボード線図について説明します。ボード線図とは、角周波数 ω に対する利得の変化と位相の変化を描いたもので、周波数伝達関数をグラフという目に見える形で表現したものです。グラフは、縦軸が均等目盛で横軸が対数目盛である片対数グラフを使用します。前章までに得られた基本電気回路の周波数伝達関数について、ボード線図の具体的な作成方法について説明します。

5－1 ボード線図の基本

ボード線図とは角周波数 ω を横軸の対数目盛にとり、周波数伝達関数の絶対値 $|G(j\omega)|$ の対数値である $20\log_{10}|G(j\omega)|$ と、位相 $\angle G(j\omega)$ を縦軸の均等目盛にとって伝達要素の特性を表したものです。

ここで、

$$G = 20\log|G(j\omega)| \tag{5－1}$$

$$\theta = \angle G(j\omega) \tag{5－2}$$

とおきます。

G を利得またはゲインといいます。単位はデシベル (dB) です。

ボード線図を図5－1に示します。横軸が対数の片対数グラフになっています。

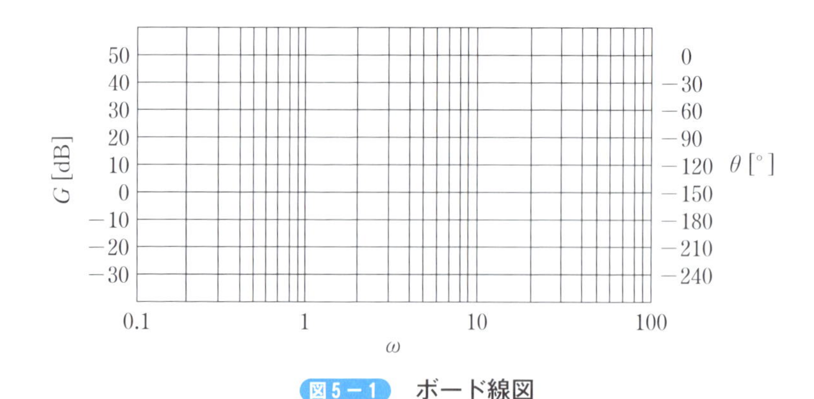

図5－1　ボード線図

このボード線図に角周波数 ω に対するゲイン G と位相 θ の変化を描きます。ゲイン G の変化を**ゲイン特性**または**ゲイン曲線**、位相 θ の変化を**位相特性**または**位相曲線**といいます。

以下に、基本電気回路の周波数伝達関数について、ボード線図を描いてみます※注。

※注：必要に応じて、第4章の4－4内の「周波数伝達関数からベクトルの大きさと位相を求めるテクニック」を参照。

5－2 比例要素

比例要素の周波数伝達関数は、

$$G(j\omega)=K$$

です。K は比例定数で一定です。

これのゲイン $G[dB]$ は、

$$G=20\log_{10}|G(j\omega)|=20\log_{10}K \qquad (5-3)$$

となります。G は角周波数 ω によらず一定値をとります。仮に、$K=10$とすると $G=20\ [dB]$ となります※注。

位相 $\theta\ [°]$ は、

$$\theta=\angle G(j\omega)=0 \qquad (5-4)$$

です。角周波数 ω によらず常に0です。

ゲイン特性（$K=10$の場合）と位相特性は、図5－2のようになります。これは比例要素のボード線図の例です。

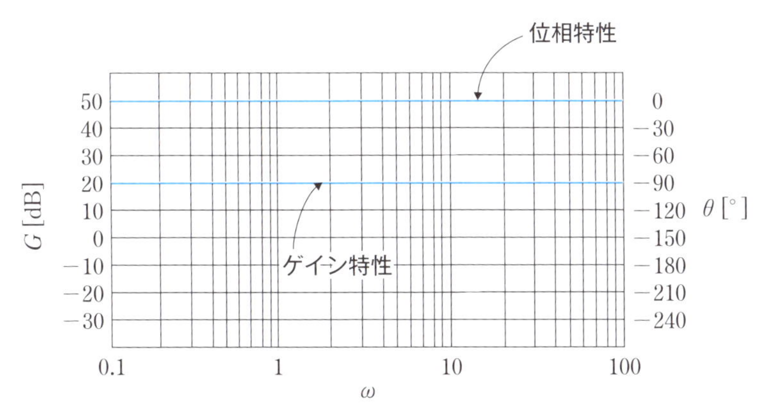

図5－2　比例要素のボード線図

※注：対数の計算については本章末の「コラム5－1　対数」を参照。

5-3 積分要素

積分要素の周波数伝達関数は、

$$G(j\omega) = \frac{K}{j\omega}$$

です。

ゲイン G は、

$$G = 20\log_{10}|G(j\omega)| = 20\log_{10}\frac{K}{\omega}$$

$$= 20\log_{10}K - 20\log_{10}\omega \qquad (5-5)$$

となります。

ゲイン特性は $20\log_{10}K$ が一定値なので、$-20\log_{10}\omega$ を縦軸に $20\log_{10}K$ だけ平行移動すればよいことになります。$20\log_{10}K = 10[dB]$ とします。$-20\log_{10}\omega$ は、片対数グラフでは、横軸 ω が10 [°] 変化したとき縦軸 $-20\log_{10}10 = -20$ [dB] 変化する右下がりの直線になります。これを -20 [dB/dec] と表します。$\omega = 1$ のときは $-20\log_{10} = 0$ [dB] です。直線はこの点を通ります。ここで、ω が10倍変化する間隔を**デカード**（*decade*）といいます。デカードは *dec* という単位で表します。

位相 θ は、

$$\theta = \angle G(j\omega) = -90 \qquad (5-6)$$

です。角周波数 ω によらず常に -90[°] です。

したがって、ゲイン特性と位相特性は図 5－3 のようになります。

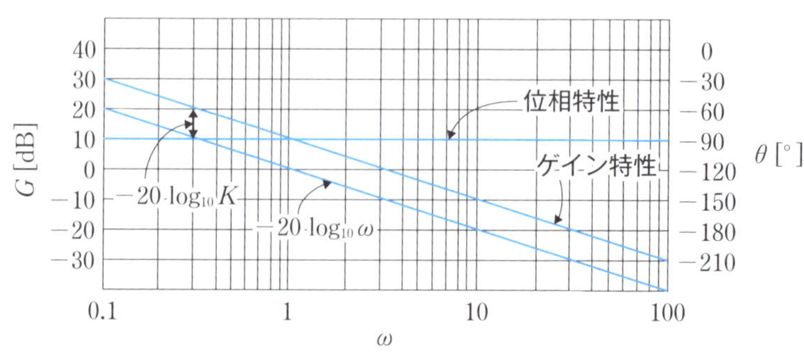

図 5－3 積分要素のボード線図

5－4 1次遅れ要素

1次遅れ要素の周波数伝達関数は、

$$G(j\omega)=\frac{1}{1+j\omega T}$$

です。

ゲイン G は、

$$\begin{aligned}G&=20\log_{10}|G(j\omega)|=20\log_{10}\frac{1}{\sqrt{1+(\omega T)^2}}\\&=20\log_{10}1-20\log_{10}\sqrt{1+(\omega T)^2}\\&=-20\log_{10}\sqrt{1+(\omega T)^2}\\&=-20\log_{10}\{1+(\omega T)^2\}^{1/2}\\&=-10\log_{10}\{1+(\omega T)^2\}\end{aligned}\qquad(5-7)$$

となります。

位相 θ は、

$$\theta=\angle G(j\omega)=-\tan^{-1}\omega T\qquad(5-8)$$

です。

各特性については、次の ω の範囲について考えます。

（Ⅰ）$\omega<<1/T$ または $\omega T<<1$

ωT が1に比べて非常に小さい範囲であるときは、G と θ は次のように近似できます。

$$G=-10\log_{10}\{1+(\omega T)^2\}\fallingdotseq-10\log_{10}1=0$$

$\theta=-\tan^{-1}0.1=5.7$（$\omega T=0.1$ のとき）

$\theta=-\tan^{-1}0.01=0.57$（$\omega T=0.01$ のとき）

θ は ωT が1より小さいほど0に近似します。

（Ⅱ）$\omega=1/T$ または $\omega T=1$

$\omega T=1$ のときは G と θ は次のようになります。

$$G=-10\log_{10}\{1+(\omega T)^2\}=-10\log_{10}2=-3.01\qquad(5-9)$$

$$\theta=-\tan^{-1}1=-45$$

（Ⅲ）$\omega>>1/T$ または $\omega T>>1$

ωTが1に比べて非常に大きい範囲であるときは、Gとθは次のように近似できます。

$$G = -10\log_{10}\{1+(\omega T)^2\} \fallingdotseq -20\log_{10}\omega T$$

$$\theta = -\tan^{-1}10 = -84.3 \quad (\omega T = 10のとき)$$

$$\theta = -\tan^{-1}100 = -89.4 \quad (\omega T = 100のとき)$$

ゲインGはωTが10変化したとき$-20[dB]$変化する右下がりの直線になります。1dec当たり$-20[dB]$変化します。

位相θはωTが1より大きいほど$-90[°]$に近似します。

上記Ⅰ、Ⅱ、Ⅲから、ボード線図は図5−4のようになります。横軸はωの代わりにωTで表しています。ゲイン特性は、$\omega T << 1$のときの横軸に平行な直線（$G = 0\,[dB]$）と、$\omega T >> 1$のときの$-20\,[dB/dec]$の直線を**漸近線**※注にもちます。この2本の漸近線の交点は$\omega T = 1$のときです。この交点を**折点**（*break point*）といいます。$\omega = 1/T$のときの周波数を折点周波数といいます。

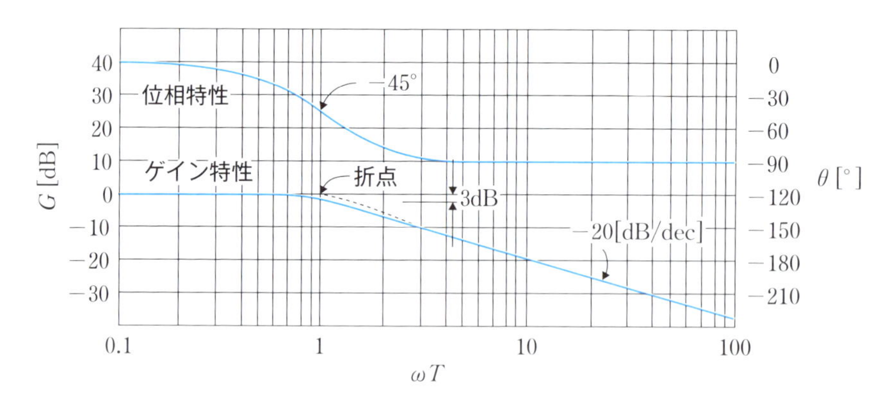

図5−4 1次遅れ要素のボード線図

なお、折点周波数における漸近線の交点とゲイン特性とのゲイン差は式（5−9）から$G = 3.01\,[dB]$です（図中に明記）。漸近線からゲイン特性を引く場合には漸近線の交点で、約3$[dB]$補正する必要があることを意味しています。

位相特性は、

$$0° \ (\omega T << 1) \Rightarrow -45° \ (\omega T = 1) \Rightarrow -90° \ (\omega T >> 1)$$

※注：無限遠に伸びた曲線上の点Pと直線Lの間隔が限りなく0になるように引いた直線Lのことを漸近線という。すなわち、ゲイン特性の曲線部分に接するように引いた直線が漸近線となる。

となることから折点（$\theta=-45$[°]）に関して対称になります。

1次遅れ要素のボード線図には折点があることを覚えておいてください。

［例題5－1］

微分要素 $G(j\omega)=j\omega K$ のゲイン特性と位相特性を、図5－1のボード線図に描きなさい。

［解答］

ゲイン G は、

$$G=20\log_{10}|G(j\omega)|=20\log_{10}\omega K$$
$$=20\log_{10}\omega+20\log_{10}K \quad (5-10)$$

となります。

これよりゲイン特性は $20\log_{10}K$ が一定値なので、$20\log_{10}\omega$ を縦軸に $20\log_{10}K$ だけ平行移動すればよいことになります。ここで、$20\log_{10}K=10$ [dB] とすると、$20\log_{10}\omega$ は右上りの直線になります。その勾配は20 [dB/dec] です。$\omega=1$ のときは $20\log_{10}1=0$ [dB] です。直線はこの点を通ります。

位相 θ は、

$$\theta=\angle G(j\omega)=90$$

です。角周波数 ω によらず常に90[°] です。

したがって、ゲイン特性と位相特性は図5－5のようになります。

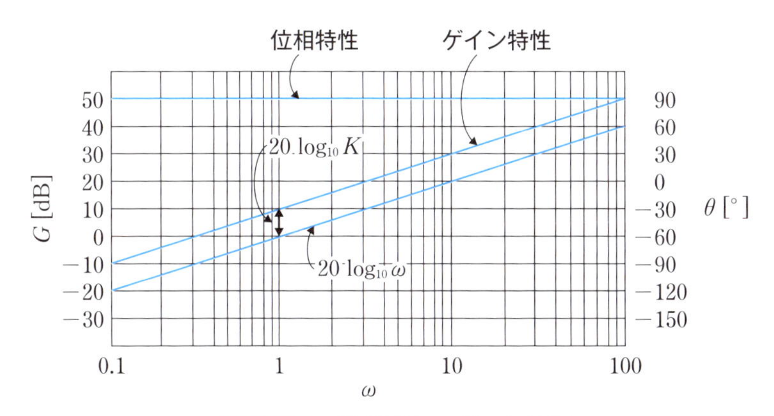

図5－5　微分要素のボード線図

答：図5－5

5-5　2次遅れ要素

2次遅れ要素の周波数伝達関数の基本形は、

$$G(j\omega)=\frac{K}{(1+j\omega T_1)(1+j\omega T_2)} \qquad (5-11)$$

です※注。

ゲイン G は、

$$G=20\log_{10}|G(j\omega)|$$
$$=20\log_{10}|K|+20\log_{10}\left|\frac{1}{1+j\omega T_1}\right|+20\log_{10}\left|\frac{1}{1+j\omega T_2}\right| \qquad (5-12)$$

です。

次の具体例で説明します。ただし、ω の範囲は $0.1<\omega<10$ とします。

$$G(j\omega)=\frac{5}{(1+j0.25\omega)(1+j2\omega)}$$

ゲイン G は、

$$G=20\log_{10}\left|\frac{5}{(1+j0.25\omega)(1+j2\omega)}\right|$$
$$=20\log_{10}|5|+20\log_{10}\left|\frac{1}{1+j0.25\omega}\right|+20\log_{10}\left|\frac{1}{1+j2\omega}\right|$$
$$=20\log_{10}5+20\log_{10}\left|\frac{1}{1+j0.25\omega}\right|+20\log_{10}\left|\frac{1}{1+j2\omega}\right|$$

となります。

この式から全体のゲイン特性は、比例要素①、1次遅れ要素②、③の合成になります。

$$20\log_{10}5 \qquad ①$$

$$20\log_{10}\left|\frac{1}{1+j0.25\omega}\right| \qquad ②$$

$$20\log_{10}\left|\frac{1}{1+j2\omega}\right| \qquad ③$$

②と③はそれぞれ折点をもちます。折点周波数はそれぞれ $\omega T=1$ から、

$$\omega_T=1/0.25=4$$

※注：第3章の3－6「2次遅れ要素」の式（3－12）を参照。

$\omega_T = 1/2 = 0.5$

となります。

②と③の個々のゲイン特性(それぞれA、Bとする)は1次遅れ要素の場合と同じように考えます。折点周波数がそれぞれ異なるのみです。②の場合は$\omega = 4 \rightarrow 40$で20 [$dB/dec$]、③の場合は$\omega = 0.5 \rightarrow 5$で20 [$dB/dec$] 変化する直線を引きます。

すなわち、ボード線図は図5－6のように作図します。

次に、ゲインAとBの両者を加え合わせます。図5－7のCのようなゲイン特性になります。

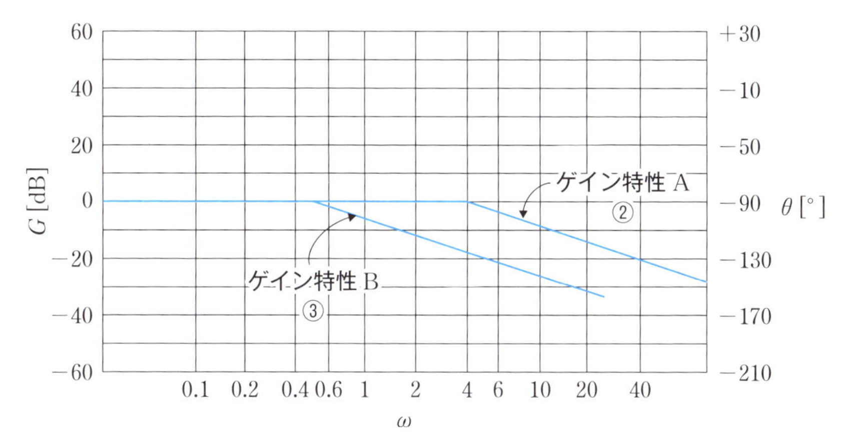

図5－6　②と①のゲイン特性

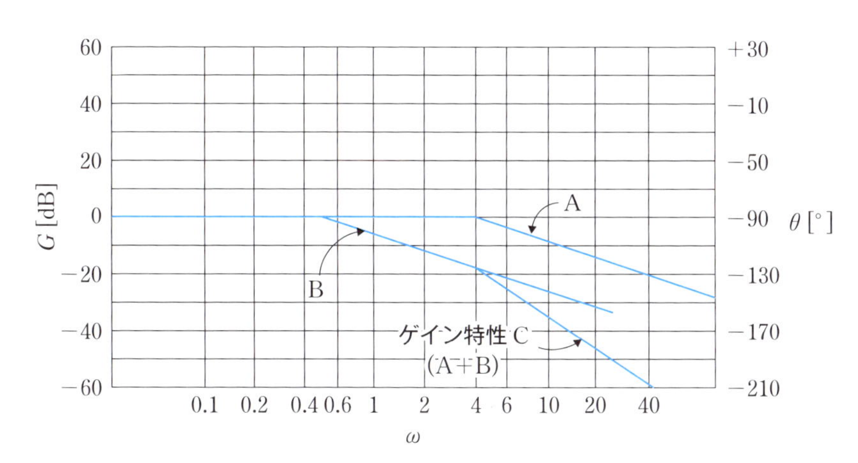

図5－7　ゲイン特性AとBを加え合わせる

すなわち、

$$20\log_{10}\left|\frac{1}{1+j0.25\omega}\right|+20\log_{10}\left|\frac{1}{1+j2\omega}\right|$$

のゲイン特性を求めたことになります。

全体のゲイン特性を得るにはゲイン C を①の $20\log_{10}5=14$ $[dB]$ だけ平行移動すればよいことになります。さらに、それぞれの折点周波数において -3 $[dB]$ 補償します。このようにして図5−8の D のゲイン特性が得られます。

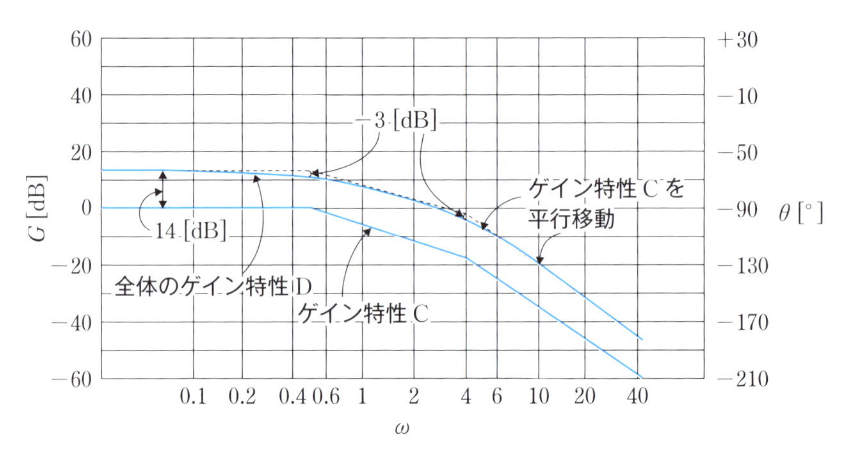

図5−8　全体のゲイン特性を得る

次に、位相特性について説明します。

位相 θ は、

$$\theta=\angle G(j\omega)=-\tan^{-1}0.25\omega-\tan^{-1}2\omega$$

となります。

この式から全体の位相特性は、

$-\tan^{-1}0.25\omega$　　④

$-\tan^{-1}2\omega$　　⑤

の各位相の和になります。

それぞれの位相特性は1次遅れ要素の場合と同じです。それぞれの折点周波数（$\omega_T=4$、$\omega_T=0.5$）に関して対象に、0°→45°→−90°のように変化します。

④と⑤の位相特性は、図5−9の E と F のようになります。

全体の位相特性は E と F を加え合わせます。図5−10の G のようになります。

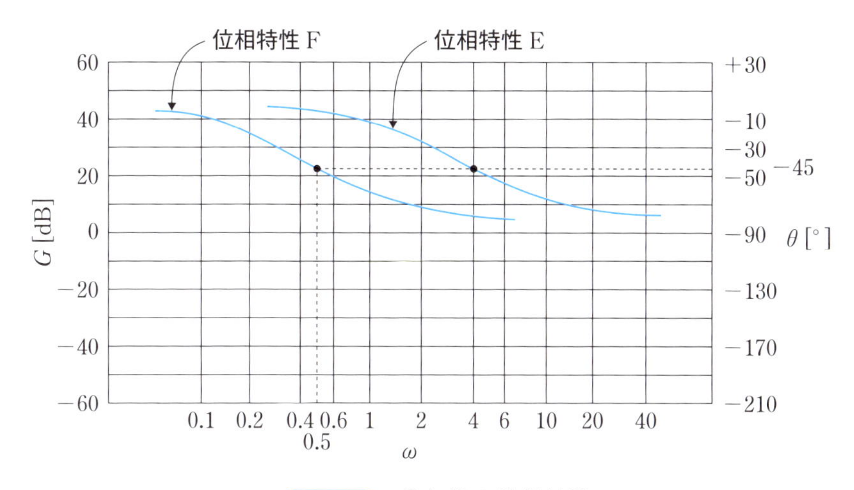

図5－9　④と⑤の位相特性

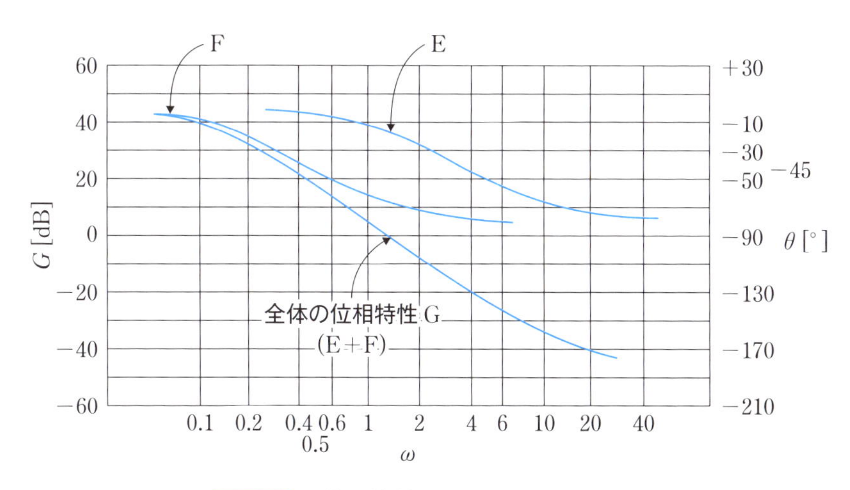

図5－10　位相特性 E と F を加え合わせる

この例のように、2次遅れ要素のボード線図は少し複雑です。しかしながら、1次遅れ要素のボード線図をよく理解しておけば、個々の特性を組み合わせることによりゲイン特性、位相特性を描くことができます。

［例題５－２］

次の２つの周波数伝達関数をもつ伝達要素が直列接続されている。

$$G_1(j\omega)=\frac{1}{j\omega} \qquad G_2(j\omega)=\frac{1}{1+j\omega}$$

系全体のゲイン特性と位相特性を下記のボード線図（図５－11、図５－12）それぞれに描きなさい。

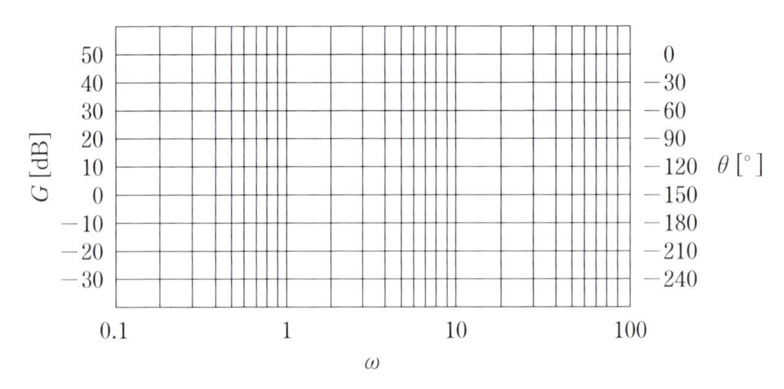

図５－11　ボード線図（ゲイン特性）

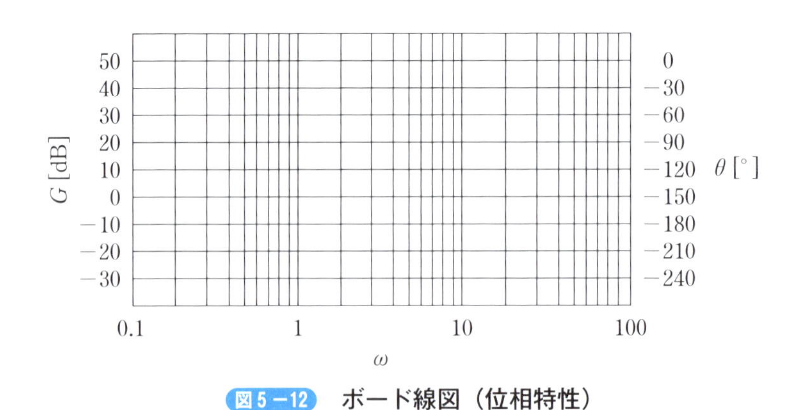

図５－12　ボード線図（位相特性）

［解答］

$G_1(j\omega)$ は積分要素で、$G_2(j\omega)$ は１次遅れ要素です。直列結合（縦続接続またはカスケード）の場合の伝達関数は個々の伝達関数の積になります※注。

合成の周波数伝達関数 $G(j\omega)$ は、

※注：第２章のブロック線図の等価変換（表２－１）を参照。

$$G(j\omega)=G_1(j\omega)G(j\omega)$$

です。

ゲイン G と位相 θ はそれぞれ

$$G=20\log_{10}|G(j\omega)|=20\log_{10}|G_1(j\omega)G_2(j\omega)|$$
$$=20\log_{10}|G_1(j\omega)|+20\log_{10}|G_2(j\omega)|$$
$$=20\log_{10}\left|\frac{1}{j\omega}\right|+20\log_{10}\left|\frac{1}{1+j\omega}\right| \qquad (5-13)$$
$$\theta=\angle G(j\omega)=\angle G_1(j\omega)+\angle G_2(j\omega) \qquad (5-14)$$

となります。

上の式から、系全体のゲイン特性と位相特性は、積分要素と１次遅れ要素のゲイン特性と位相特性をそれぞれ加え合わせたものになります。図５－３（積分要素）と図５－４（１次遅れ要素）を参考にして合成のゲイン特性と位相特性を描いてみてください。

それぞれ図５－13、図５－14のようになります。

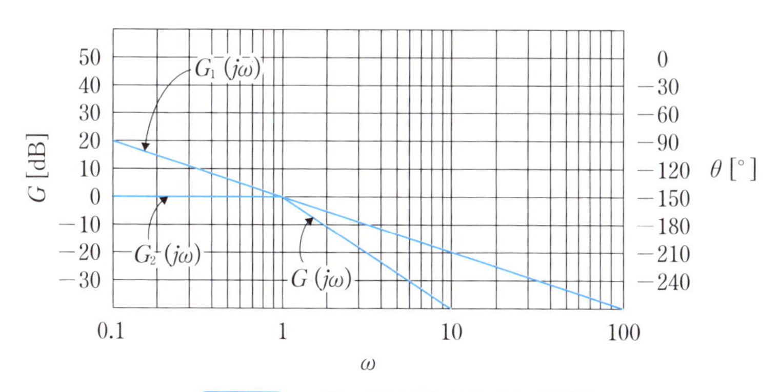

図５－13　ボード線図（ゲイン特性）

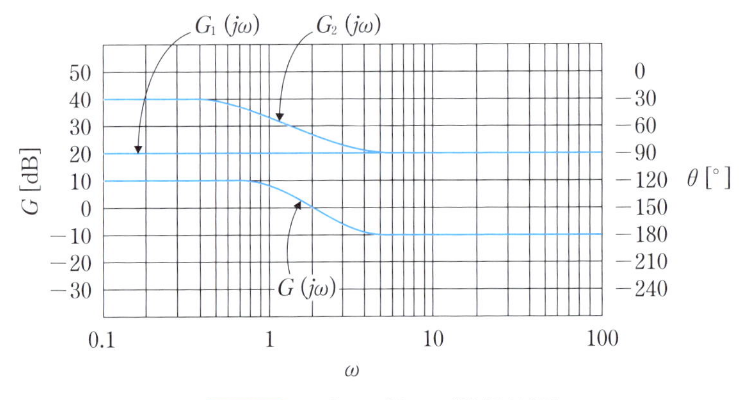

図5−14　ボード線図（位相特性）

ここで、ゲイン特性の合成については、直線の傾きはどちらも $-20\ [dB/dec]$ なので作図はそう難しくありません。また、位相特性の合成については、1次遅れ要素の位相特性全体を $-90[°]$ 平行移動したものになります。

このように伝達要素が直列接続の場合、系全体の周波数伝達特性は各要素のゲイン $[dB]$ と位相 $[°]$ の和として求めることができます。

答：図5−13と図5−14

［例題5−3］

ボード線図を説明する記述として、正しいのは次のどれか。

①通常の方眼紙上、縦軸に周波数伝達関数のゲイン、横軸に位相角（度）をとって表した線図

②通常の方眼紙上、縦軸にデシベルで表した周波数伝達関数のゲイン、横軸に位相角（度）をとって表した線図

③片対数のグラフ用紙の対数目盛に周波数伝達関数のゲイン、平等目盛に角周波数 ω と位相角（度）をとって表した線

④片対数グラフ用紙の対数目盛に角周波数 ω をとり、平等目盛に周波数伝達関数のデシベル値で表したゲインと、位相角（度）をとって表した線図

⑤円グラフ用紙を使い、周波数伝達関数のゲインと位相角（度）をベクトルの形で表した線図

［解答］

ボード線図は角周波数 ω を横軸の対数目盛にとり、縦軸の均等目盛には周波数伝達関数のゲイン $20\log_{10}|G(j\omega)|[dB]$ と位相角 $\angle G(j\omega)[°]$ をとって表した線図です。

したがって、④が正しい記述です。

答：④

重要項目

◇ボード線図

周波数伝達関数 $G(j\omega)$ の角周波数 ω に対するゲイン $G=20\log_{10}|G(j\omega)|$ と位相 $\theta=\angle G(j\omega)$ の変化を描いたグラフをいいます。この場合、角周波数 ω を横軸の対数目盛にとり、ゲインと位相は縦軸の均等目盛にとります。

◇ゲイン特性と位相特性

上記のボード線図で、角周波数 ω とゲイン $G=20\log_{10}|G(j\omega)|$ の関係をグラフにしたものをゲイン特性またはゲイン曲線といいます。また、角周波数 ω と位相 $\theta=\angle G(j\omega)$ の関係をグラフにしたものを位相特性、または位相曲線といいます。

◇比例要素のボード線図

ゲイン G は角周波数 ω によらず一定値をとります。位相 θ は角周波数 ω によらず 0 [°] です。

$$G(j\omega)=K$$

$$G=20\log_{10}K$$

$$\theta=0$$

◇積分要素のボード線図

ゲイン特性は $20\log_{10}\omega$ の右下がりの直線を $20\log_{10}K$ だけ並行移動したものになります。位相 θ は角周波数 ω によらず常に $-90°$ です。

$$G(j\omega)=\frac{K}{j\omega}$$

$$G=20\log_{10}K-20\log_{10}\omega$$

$$\theta=-90$$

◇微分要素のボード線図

ゲイン特性は $20\log_{10}\omega$ の右上がりの直線を $20\log_{10}K$ だけ並行移動したものになります。位相 θ は角周波数 ω によらず常に $90°$ です。

$$G(j\omega)=j\omega K$$

$G=20\log_{10}K+20\log_{10}\omega$

$\theta=90$

◇1次遅れ要素のボード線図

ゲイン特性は、$\omega T=1$ に折点をもつ2本の漸近線をもった曲線になります。$\omega T<<l$ のときは $G=0\,[dB]$ の横軸に平行な直線となり、$\omega T>>1$ のときは勾配 $-20\,[dB/dec]$ の右下がりの直線になります。$\omega=1/T(\omega T=1)$ のときの周波数を折点周波数といいます。折点周波数における2本の斬近線の交点とゲイン特性との差は約3 $[dB]$ です。

位相特性は、$\omega T<<1$ のときは $\theta=0$、$\omega T=1$ のときは $\theta=-45$、$\omega T>>1$ のときは $\theta=-90$ になり、折点 $(\omega T=1)$ に関して対象になります。

$$G(j\omega)=\frac{1}{1+j\omega T}$$

$G=-10\log_{10}\{1+(\omega T)^2)$

$\omega T<<1$：　$G=-10\log_{10}1=0$（$\omega T=0$ の場合）

$\omega T=1$：　$G=-10\log_{10}2=-3.01$

$\omega T>>1$：　$G\fallingdotseq-20\log_{10}\omega T$

$\theta=-\tan^{-1}\omega T$

$\omega T<<1$：　$\theta=-\tan^{-1}\omega T\to 0$ に近似

$\omega T=1$：　$\theta=-\tan^{-1}1=-45°$

$\omega T>>1$：　$\theta=-\tan^{-1}\omega T\to-90°$ に近似

◇2次遅れ要素のボード線図

2次遅れ要素の周波数伝達関数を $G(j\omega)=\dfrac{K}{(1+j\omega T_1)(1+j\omega T_2)}$ とすると、

ゲイン特性は、折点周波数（$\omega_1=\dfrac{1}{T_1}$ と $\omega_2=\dfrac{1}{T_2}$）が異なる2つの1次遅れ要素（$G_1(j\omega)=\dfrac{1}{1+j\omega T_1}$、$G_2(j\omega)=\dfrac{1}{1+j\omega T_2}$）のゲイン特性を合成したものを $20\log_{10}K$ だけ平行移動したものになります。

位相特性は、2つの1次遅れ要素の各位相（$\theta_1=-\tan^{-1}\omega T_1$、$\theta_2=-\tan^{-1}\omega T_2$）の合成になります。それぞれの位相特性は折点周波数で、$-45°$ に関して対象になります。

コラム5－1　対数

対数について説明します。logは対数の数学記号で“ログ”と発音します。$\log_{10}$の10を底といいます。底が10の場合は常用対数といい、底が e の $\log_e$ は自然対数といいます。一般に、10を省略して log といった場合は常用対数を指します。

対数の計算には基本的な公式があります（底の10を省略）。

$$\log A^n = n \log A \quad (5-15)$$

$$\log(A \times B) = \log A + \log B \quad (5-16)$$

$$\log \frac{A}{B} = \log A - \log B \quad (5-17)$$

合わせて、対数の基本計算のいくつかを覚えておくと便利です。

$\log_{10} = 1$

$\log_{10} 100 = \log_{10} 10^2 = 2$

$\log_{10} 1000 = \log_{10} 10^3 = 3$

$\log_{10} 10^{-1} = -1$

$\log_{10} 1 = 0$

コラム5－2　利得

利得について説明します。図5－15を見てください。電力増幅器は一般に“アンプ”といわれています。マイクでしゃべった声を大きくする音響システムにもアンプが使われています。電力とは何でしょう。

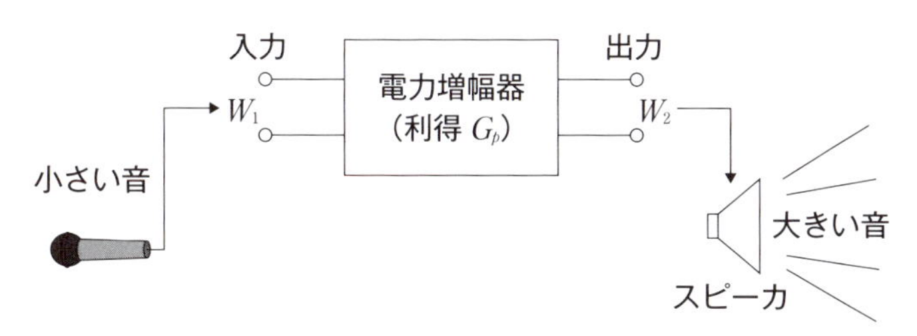

図5－15　電力増幅器

電力 W は次式で与えられます。

$$W = V \times I$$
$$= (R \times I) \times I = R \times I^2 \quad (5-18)$$

$$= V \times \frac{V}{R} = \frac{V^2}{R}$$

電力の単位は［W］（ワット）です。

上の式のように、電力 W は電圧 V と電流 I の積、または抵抗 R と電流 I の2乗の積で与えられます。あるいは、電圧 V の2乗を抵抗 R で、割った値です。

さて、図において入力側の電力を W_1、出力から増幅されて出てくる電力を W_2 とします。

このとき、次式で与えられる G_P を電力利得といいます（底の10を省略）。

$$G_P = 10 \log \frac{W_2}{W_1}$$

ここで、$W_1 = V_1 I_1 = RI^2 = V_1^2/R$、$W_2 = V_2 I_2 = RI_2^2 = V_2^2/R$ として、式（5－19）に代入します。

式を整理すると、次式が得られます。

$$G_V = 10 \log\left(\frac{V_2^2/R}{V_1^2/R}\right) = 10 \log\left(\frac{V_2}{V_1}\right)^2 = 20 \log \frac{V_2}{V_1} \quad (5-20)$$

$$G_I = 10 \log\left(\frac{RI_2^2}{RI_1^2}\right) = 10 \log\left(\frac{I_2}{I_1}\right)^2 = 20 \log \frac{I_2}{I_1} \quad (5-21)$$

式（5－20）の G_V を電圧利得、式（5－21）の G_I を電流利得といいます。G_P、G_V、G_I の単位はいずれも［dB］（デシベル）です。

本文のゲイン $G = 20 \log_{10}|G(j\omega)|$ は式（5－20）または式（5－21）に相当するものです。

第6章

フィードバック制御系の安定判別

フィードバック制御系の安定判別法にはいくつかの方法があります。本章では最初に、安定判別法の基本的な考え方である特性方程式と特性根について説明します。次に、一巡伝達関数のベクトル軌跡を用いたナイキストの安定判別法について、安定度指標であるゲイン余裕と位相余裕とともに具体例で説明します。最後に、ナイキストの安定判別法と関連付けてボード線図による安定判別法について説明します。

6－1 フィードバック制御系の安定判別法

制御系が安定であるか不安定であるかの定義は次のようになります。

インディシャル応答を例にとると、図6－1のようになります。

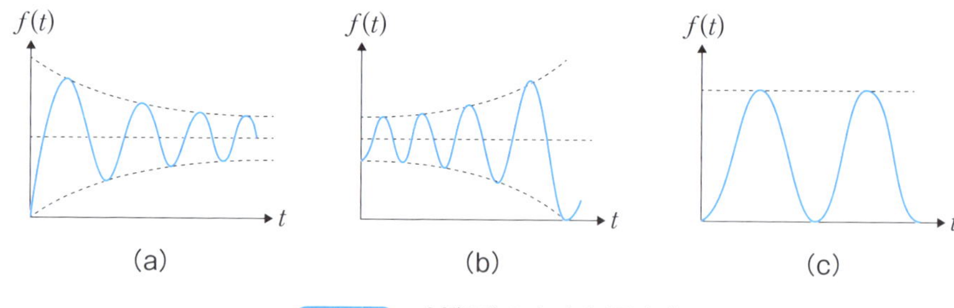

図6－1 制御系の安定と不安定

（a）の場合は過渡状態が減衰して次第に定常状態に落ち着く場合です。この系は“安定”であるといいます。

（b）の場合は過渡状態が発散してしまい、系は“不安定”な状態です。

（c）の場合は減衰も発散もしないで一定振幅で振動する状態です。この系は“安定限界”であるといいます。

自動制御の基本となるフィードバック接続のブロック線図は図6－2です※注。

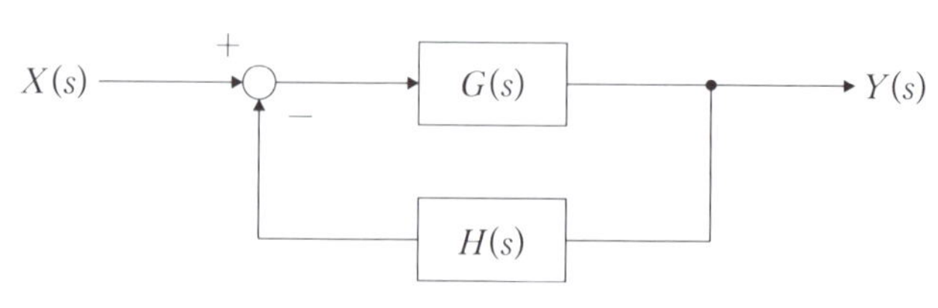

図6－2 フィードバック接続のブロック線図

これの合成伝達関数（閉ループ伝達関数）は、

$$W(s)=\frac{G(s)}{1+G(s)H(s)}$$

※注：第2章「ブロック線図」を参照。

です。

少し難しい表現になりますが、分母の式に着目して

$$1+G(s)H(s)=0$$

とおいた式を**特性方程式**（とくせいほうていしき）といいます。また、特性方程式を解いて得られた**根**※注1を**特性根**（とくせいこん）といいます。特性根の中身は、実は複素数です。

一般に、閉ループ伝達関数は次のように展開することができます。このことを、難しい言葉ですが、**有理関数**（ゆうりかんすう）に展開するといいます。

式で表現すると、以下のように表します。

$$\frac{G(s)}{1+G(s)H(s)}=\frac{b_0+b_1s+b_2s^2+\cdots+b_ms^m}{a_0+a_1s+a_2s^2+\cdots+a_ns^n}$$

分母である特性方程式

$$1+G(s)H(s)=a_0+a_1s+a_2s+\cdots+a_ns^n$$

を、特に**特性多項式**（とくせいたこうしき）といいます。これは、s に関する代数方程式※注2になっています。また、特性多項式の特性根を**極**（きょく）といいます。

図6－1に示すように、系が安定であるか不安定であるかを判断するには次の条件に従います。

（Ⅰ）特性多項式のすべての特性根の実数部が負のときは、系は安定である。
（Ⅱ）特性根のうち、1つでも実数部が正のものが存在すれば系は不安定である。
（Ⅲ）実数部が0である特性根が存在し、ほかの特性根の実数部が負であれば系は安定限界である。

このことから、系が安定であるための条件は、複素平面上にすべての特性根をプロットして、プロットした根の実数部がすべて負でなければならないということになります。

図6－3はこれを図示したものです。特に、特性根をプロットする複素平面のことを**S平面**と呼びます。特性根がS平面の左半平面（*Left Half Plane*、略して*LHP*）にあれば系は安定であるといえます。

※注1：根とは、未知数 x を含む方程式 $f(x)=0$ において、$x=a$ のとき $f(a)=0$ となる a を方程式 $f(x)=0$ の根という。たとえば、$f(x)=x-1=0$ の根は $x=1$ となる。

※注2：実数あるいは複素数 a_0、a_1、… a_n を係数とする方程式を特に代数方程式という。整数を係数にした方程式で、例えば $1+2s+5s^2=0$ も代数方程式の1つである。

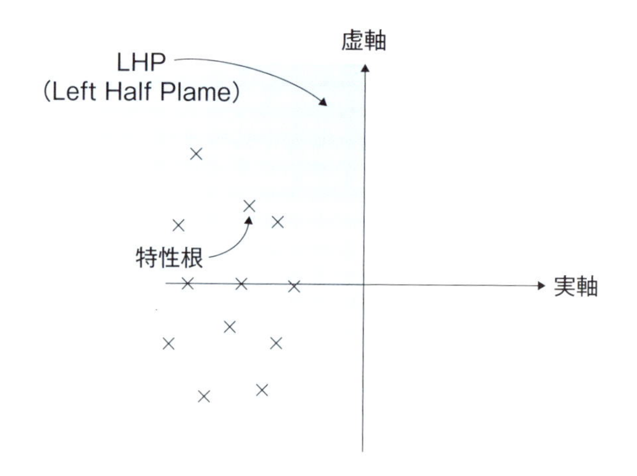

図 6－3 S平面の左半平面にある特性根

少し難しい話が続きましたが、要は、すべての特性根がS平面の左半平面にあるのか、そうでないのか、これによって系が安定しているのか、それとも不安定であるのかを判別しようということになります。

これの具体的な判別方法に、ナイキスト（*Nyquist*）の安定判別法と特性多項式から直接数列や行列式を導いて判別する方法があります。後者の判別法に、ラウス（*Routh*）の安定判別法とフルビッツ（*Hurwitz*）の安定判別法があります。

ラウスの安定判別法やフルピッツの安定判別法は閉ループ伝達関数 $W(s)$ を展開して、その分母である特性方程式

$$1+G(s)H(s)=a_0+a_1s+a_2s+\cdots+a_ns^n$$

を直接調べる方法です。実は、これがなかなか厄介です。系によっては計算が面倒で、計算そのものが不可能な場合もあります。これらの判別法の説明はここでは省略します[※注1]。

以下に、もっと実用的で便利な判別法であるナイキストの安定判別法について説明します。

この方法は、閉ループ伝達関数 $W(s)$ の一巡伝達関数[※注2]である

$$G(s)H(s)$$

だけを調べて、閉ループ伝達関数の安定・不安定を間接的に調べようという方法です。特性方程式である $1+G(s)H(s)$ を直接扱いません。

※注 1：付録 B「ラウスの安定判別法」を参照。
※注 2：一巡伝達関数については、第 2 章を参照。

6－2 ナイキストの安定判別法

ナイキストの安定判別法は「ナイキストの定理」に基づいています。

一巡伝達関数 $G(s)H(s)$ のベクトル軌跡を描きます。このとき、ω の増加方向 $(0\rightarrow\infty)$ に進んだとき軌跡が実軸上の $(-1+j0)$ 点の右側にあれば系は安定で、左側にあれば不安定です。これがナイキストの定理といわれるものです。

これを図示すると図6－4になります。すなわち、ベクトル軌跡が $(-1+j0)$ 点を囲まなければ安定で、囲んだときは不安定です。

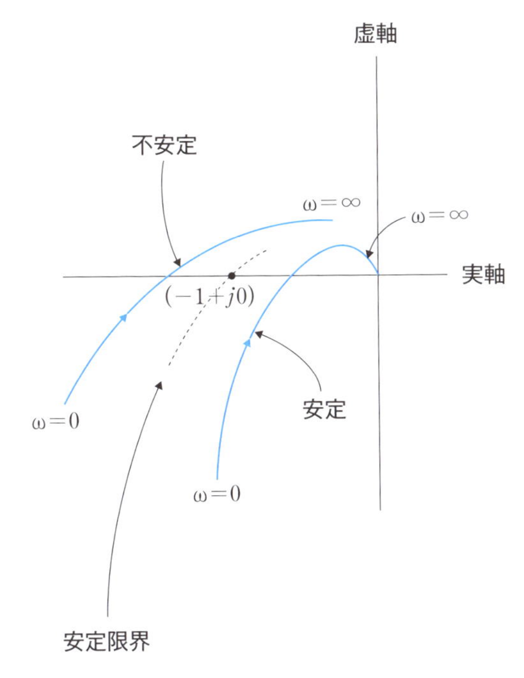

図6－4　一巡伝達関数のベクトル軌跡

また、系が安定かどうかを単に判断するだけでなく、どの程度安定であるかを定量的に表すことができます。

図6－5を見てください。

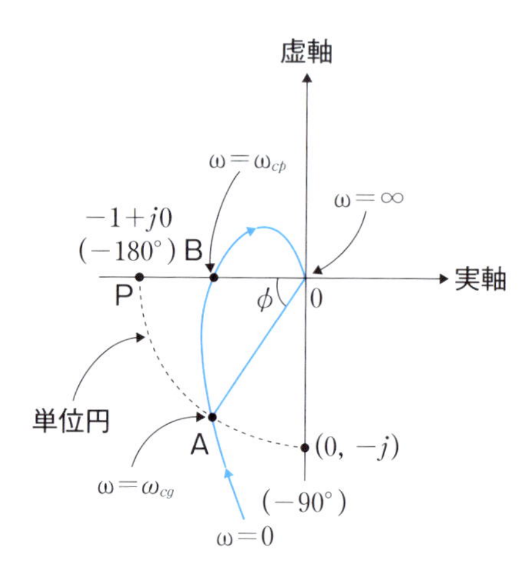

図6−5 ベクトル軌跡地から安定度を知る

図中の点線の円は、実軸上の P 点 $(-1+j0)$、$-180°$ と虚軸上の $(0、-j)$、$-90°$ を通る半径1の単位円です。ベクトル軌跡が単位円と交わる A 点の角周波数を

$$\omega=\omega_{cg}$$

とします。これをゲイン交叉（こうさ）角周波数といいます。

また、ベクトル軌跡が負の実軸と交わる B 点の角周波数を

$$\omega=\omega_{cp}$$

とします。これを位相交叉角周波数といいます。

また、原点0から A 点に直線を引き、実軸との角度を ϕ とします。

このとき、次の安定度指標が定義されます。

$$\begin{aligned} g_m &= 20\log_{10}(0P-0B) \\ &= 20\log_{10}(1-0B) \\ &= 20\log_{10}1-20\log_{10}0B \\ &= -20\log_{10}0B\ [dB] \end{aligned}$$

または、$0P-0B=PB$ であることから、

$$g_m=20\log_{10}PB\ [dB]$$

と表せます。g_m をゲイン余裕（*gain margin*）といいます。

また、直線 $0A$ と実軸とのなす角

$$\phi\ [°]$$

を位相余裕（*phase margin*）といいます。

ゲイン余裕と位相余裕は安定な系が安定限界になるまで、すなわちベクトル軌

跡が（$-1+j0$）点を通るまで、ゲインと位相がどの程度余裕があるかを示す尺度になります。

これらの値が大きいほど制御系のパラメータが多少変動しても系の安定性は保証されます。すなわち、系の安定性はよいといえます。図6－6はこれを示したものです。図中の斜線部分がベクトル軌跡の変動です。

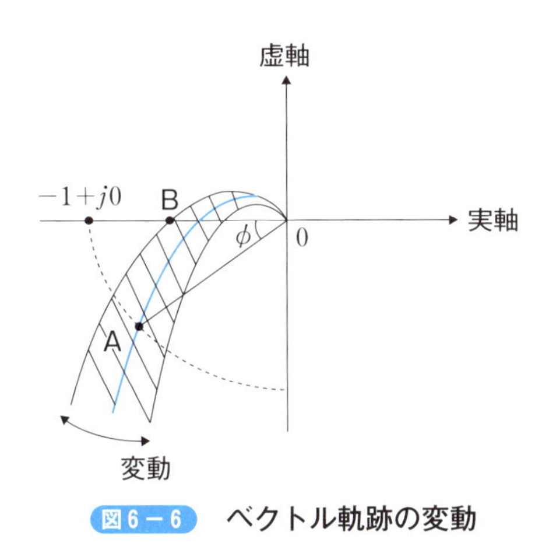

図6－6　ベクトル軌跡の変動

表6－1は、自動制御系の種類による望ましいゲイン余裕と位相余裕の一般的な数値の例です。

表6－1　自動制御系のゲイン余裕と位相余裕の例

	位相余裕	ゲイン余裕
プロセス制御	30°	$6dB$
自動調整	35°	$10dB$
サーボ機構	45°	$10\sim20dB$

ナイキストの安定判別法をもう一度言葉でまとめてみます。次のようになります。

「$\omega=0\rightarrow\infty$ としたときの一巡伝達関数 $G(s)H(s)$ のベクトル軌跡が $(-1+j0)$ 点を左側に見れば安定、右側に見れば不安定、$(-1+j0)$ 点を通るときは安定限界である。また、ベクトル軌跡から得られるゲイン余裕と位相余裕は系の安定度指標となる。」

特に、一巡伝達関数のベクトル軌跡をナイキスト線図（*Nyquist diagram*）といいます。

［例題 6 － 1］

次の一巡伝達関数をもつフィードバック制御系について、ナイキストの安定判別法で安定判別しなさい。ただし、$K>0$、$a>0$、$K/a^2<1$ とする。

$$G(s)H(s)=\frac{K}{s(s+a)}$$

［解答］

与えられた一巡伝達関数 $G(s)H(s)$ を $s\to j\omega$ として周波数伝達関数 $G(j\omega)H(j\omega)$ に書き直します。

$$G(j\omega)H(j\omega)=\frac{K}{j\omega(j\omega+a)}$$

ナイキスト線図は $\omega=0\to\infty$ のときのベクトル軌跡です。そこで、次の 3 種類の ω についてベクトル軌跡を考えます。

（Ⅰ）$\omega\to 0$

上の式の分母・分子に $(a-j\omega)$ を掛けて通常の複素数表記に書き直します※注1。

$$\begin{aligned}G(j\omega)H(j\omega)&=\frac{K(-j\omega+a)}{j\omega(j\omega+a)(-j\omega+a)}\\&=\frac{K(a-j\omega)}{j\omega(\omega^2+a^2)}\\&=\frac{K(a-j\omega)(-j\omega)}{j\omega(-j\omega)(\omega^2+a^2)}\\&=\frac{K(-\omega^2-j\omega a)}{\omega^2(\omega^2+a^2)}\\&=K\left(-\frac{1}{\omega^2+a^2}-j\frac{a}{\omega(\omega^2+a^2)}\right)\end{aligned}$$

ここで、$\omega\to 0$ の極限をとります。極限値※注2を求めます。

$$\lim_{\omega\to 0}G(j\omega)H(j\omega)=-\frac{K}{a^2}-j\frac{aK}{0}$$

※注 1：第 3 章のコラム 3 － 2「複素数」式（3 －27）～（3 －31）を参照。

$$=-\frac{K}{a^2}-j\infty$$

$\omega\to 0$ のときのベクト軌跡は図６－７のようになります。複素平面の $(-\frac{K}{a^2}$、$-\infty)$ に近似します。すなわち、$-\frac{K}{a^2}$ (<-1) を漸近線とした $-\infty$ 方向の軌跡です。

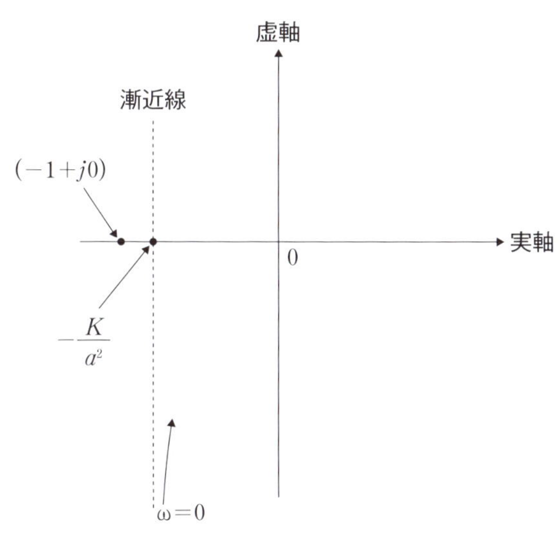

図６－７　$\omega\to 0$ のときのベクトル軌跡

（Ⅱ）$\omega\to\infty$

$\omega\to\infty$ の極限をとります。

$$\lim_{\omega\to\infty}G(j\omega)H(j\omega)=\lim_{\omega\to\infty}K\left(-\frac{1}{\omega^2+a^2}-j\frac{a}{\omega(\omega^2+a)}\right)$$

$$=K\left(-\frac{1}{\infty}-j\frac{a}{\infty}\right)$$

$$=-0-j0$$

$\omega\to\infty$ のときのベクトル軌跡は図６－８のようになります。複素平面の負の方

※注２：関数 $y=f(x)$ で、x が a に限りなく近づいていくとき、$f(x)$ が限りな１に近づいていく数が存在するとき、$f(x)$ の極限値は１であるという。数学記号で $\lim_{x\to a}f(x)=l$ と書く。
極限値の例として（a：定数）、$\lim_{x\to a}\frac{a}{x}=\infty$、$\lim_{x\to a}\frac{x}{a}=0$ を覚えておく。

向から0に近似します。

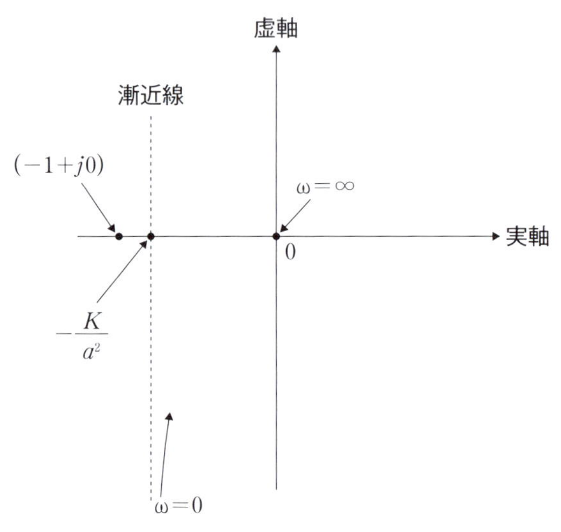

図6−8　$\omega\to\infty$ のときのベクトル軌跡

（Ⅲ）$\omega=1$

$\omega=1$ のときの $G(j\omega)H(j\omega)$ を求めます。

$$G(j1)H(j1)=-\frac{K}{1+a^2}-j\frac{Ka}{1+a^2}$$

実数部の $-\frac{K}{1+a^2}$ は分母に1が入っているので、漸近線 $-\frac{K}{a^2}$ よりは小さく（$\frac{K}{1+a^2}<\frac{K}{a^2}$）、虚数部は、$K$ も a も正の定数なので、$-\frac{Ka}{1+a^2}<0$ より負になります。

$\omega=1$ のときのベクトル軌跡は図6−9のようになります。（$-\frac{K}{1+a^2}$、$-\frac{Ka}{1+a^2}$）点です。

したがって、$\omega=0\to\infty$ における一巡伝達関数のナイキスト線図は、図6−7～図6−9の軌跡と点を合わせて図6−10のように描きます。描いた線図は $(-1+j0)$ 点を左側に見るので系は安定です。

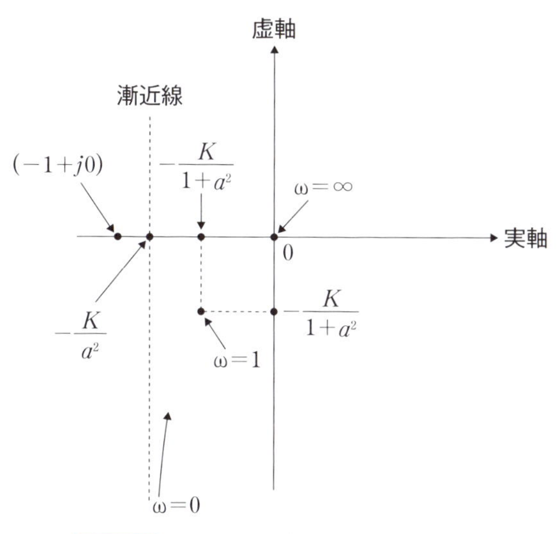

図6−9　$\omega = 1$ のときのベクトル軌跡

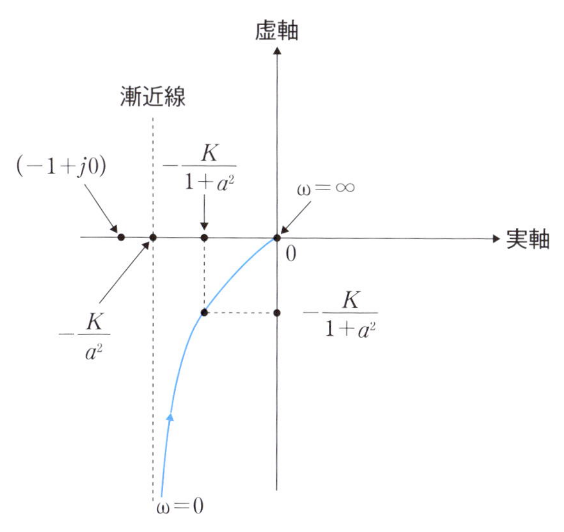

図6−10　一巡伝達関数のナイキスト線図

答：安定

[例題６－２]

国６－11（a）に示すようなフィードバック制御系がある。ナイキスト線図は同図（b）のようになった。このとき実軸と交わる位相交叉角周波数 ω_{cp} と a の値と求めなさい。また、a の値からゲイン余裕を求めなさい。ただし、$\log_{10} 0.5 = -0.3$ とする。

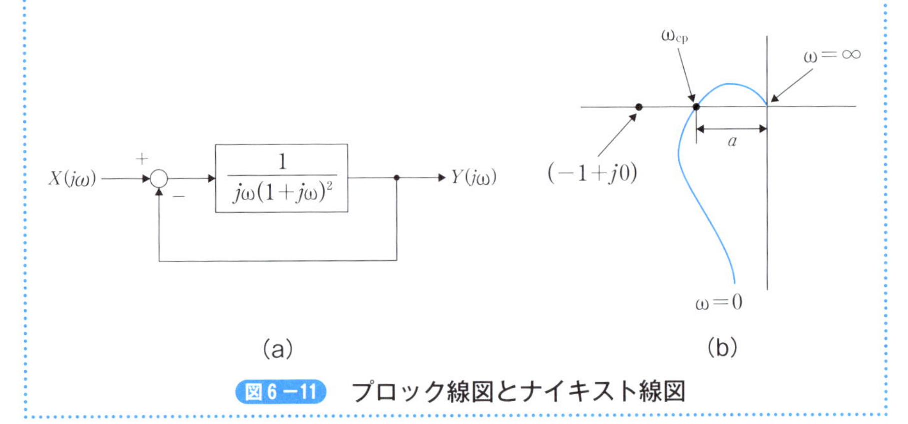

図６－11　ブロック線図とナイキスト線図

[解説]

最初に、一巡伝達関数 $G(j\omega)H(j\omega)$ から、ベクトル軌跡が負の実軸と交わる位相交叉角周波数 ω_{cp} を求めます。

$$G(j\omega)H(j\omega) = \frac{1}{j\omega(1+j\omega)^2} \cdot 1$$

$$= \frac{1}{j\omega(1+j\omega)^2}$$

$$= \frac{1}{j\omega(1+j2\omega-\omega^2)}$$

$$= \frac{1}{-2\omega^2 + j\omega(1-\omega^2)}$$

ここで、$G(jw)H(j\omega)$ が実軸と交わるのは虚数部が、

$$\omega(1-\omega^2) = 0$$

のときです。

これより ω の値として $\omega = 0$、$\omega = \pm\sqrt{1} = \pm 1$ が得られますが、$\omega = 0$ と $\omega = -1$ は ω_{cp} の値としては不適当です。ω の値は必ず正の数であることと、ω_{cp} は $\omega = 0 \to \infty$ の間の任意の値を取るからです。

したがって、ω_{cp} としては、

$$\omega_{cp} = 1$$

となります。

次に、a の値を求めます。

a の値は $G(j\omega)H(j\omega)$ で $\omega = \omega_{cp} = 1$ とおいたときの値です。

すなわち、

$$a = G(j\omega_{cp})H(j\omega_{cp}) = \frac{1}{-2\omega_{cp}{}^2 + j\omega_{cp}(1 - \omega_{cp}{}^2)}$$

$$= \frac{1}{-2} = -0.5$$

です。a の値の計算値はマイナスが付きますが、大きさとしては0.5です。

これからゲイン余裕は、

$$g_m = -20 \log_{10} a$$

$$= -20 \log_{10} 0.5$$

$$= -20 \times -0.3 = 6\ [dB]$$

となります。

6－3 ボード線図による安定判別法

ボード線図による安定判別法はベクトル軌跡によるナイキストの安定判別法と“表裏一体”の関係があります。どちらも周波数応答の表記法という意味から同じ安定判別法の中身になります。安定判別にベクトル軌跡を使うか、ボード線図を使うかの違いで、考え方はまったく同じです。

図6－12を見てください。

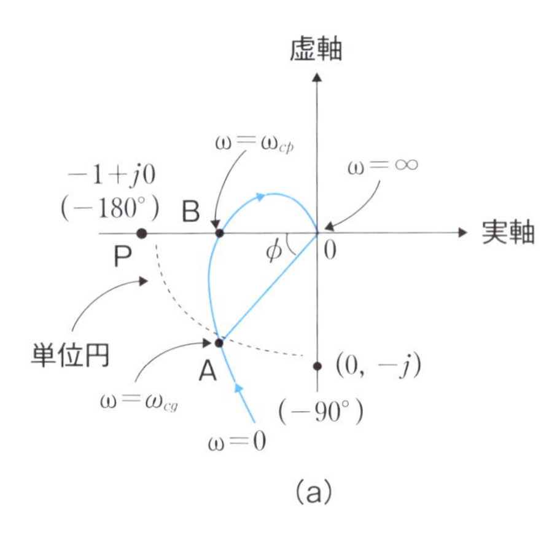

(a)

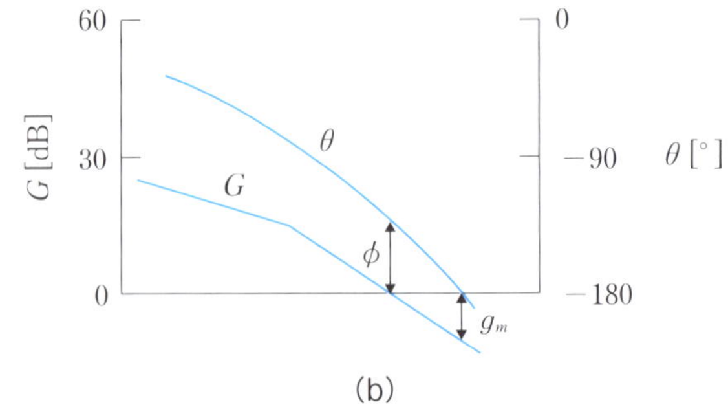

(b)

図6－12 ナイキスト線図とボード線図

ナイキスト線図とボード線図の関係を示したものです。

図(a)のナイキスト線図で、一巡伝達関数 $G(j\omega)H(j\omega)$ の位相 θ が180°遅れるとき、すなわち位相変化が－180°のときのゲイン（ベクトル軌跡が負の実軸上で交わる大きさ $0B$）

$G=20\log_{10}0B$

が安定限界である 1 ($20\log_{10}1=0\,[dB]$) よりも小さければ系は安定です。これはナイキストの安定判別法の条件です。

これを図（b）のボード線図で見れば、位相特性が -180° と交わるところのゲイン特性の値が 0 $[dB]$ より小さければ安定であるといえます。

$g_m<0\,[dB]$

図では g_m がゲイン余裕になります。

次に、ナイキスト線図において、$G=0\,[dB]$ のとき、すなわち単位円（半径1、$20\log_{10}1=0\,[dB]$）と交わるときの位相 ϕ が -180° に達していなければ安定です。これもナイキストの安定判別法の条件です。

これをボード線図で見れば、ゲイン特性が 0 $[dB]$ と交わるところの位相特性の値が -180° よりも小さければ安定であるといえます。

図では、

$-(180-\phi)<-180^\circ$

であることを示しています。ここのは位相余裕になります。

このようにボード線図でも、ナイキスト線図と同じように、安定判別することができます。

具体的には、ボード線図で直線近似したゲイン特性から $G=0\,[dB]$ のときの位相特性における位相交叉角周波数 ω_{cp} を求め、その絶対値 $|\omega_{cp}|$ が180°より小さいか、大きいかで安定判別します。$|\omega_{cp}|<180^\circ$ であれば安定です。

［例題 6 － 3］

図 6 －13はあるフィードバック制御系の一巡伝達関数のボード線図を示す。ゲイン余裕と位相余裕を求め、これをボード線図に矢印線で示しなさい。

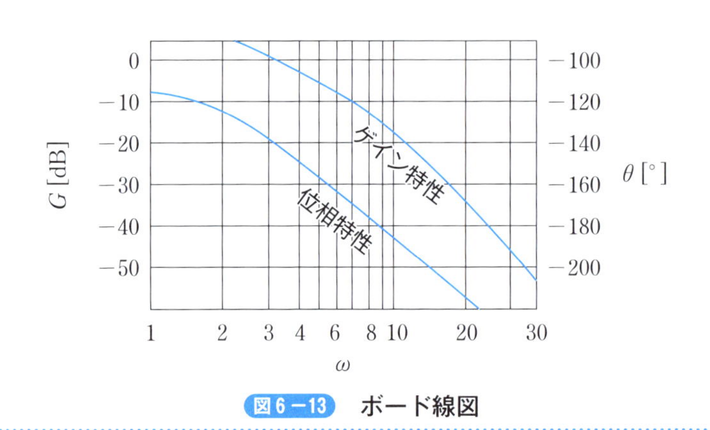

図 6 －13　ボード線図

［解答］

ゲイン特性が 0 [dB] と交叉するときの位相特性を見ると、−180° に達するまで約40° の余裕があります。したがって、位相余裕は40° です。

また、位相特性が −180° のときのゲイン特性を見ると安定限界である 0 [dB] に達するまで約15 [dB] の余裕があります。したがって、ゲイン余裕は15 [dB] です。

位相余裕とゲイン余裕をボード線図に矢線で示すと図 6 －14になります。

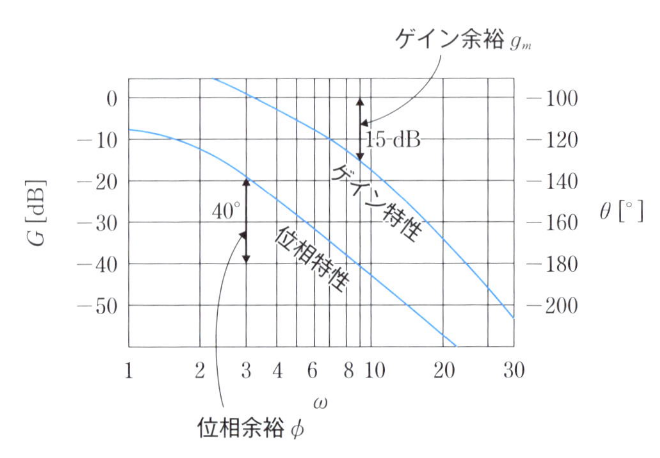

図 6 －14　ボード線図のゲイン余裕と位相余裕

答：$g_m = 15$ [dB]、$\phi = 40$ [°]、図 6 −14

[例題 6 − 4]

図 6 −15に示すフィードバック制御系がある。図 6 −16のボード線図にゲイン特性と位相特性を描き、系の安定判別をしなさい。ただし、$20 \log_{10} 3.2 = 10$ [dB] とする。

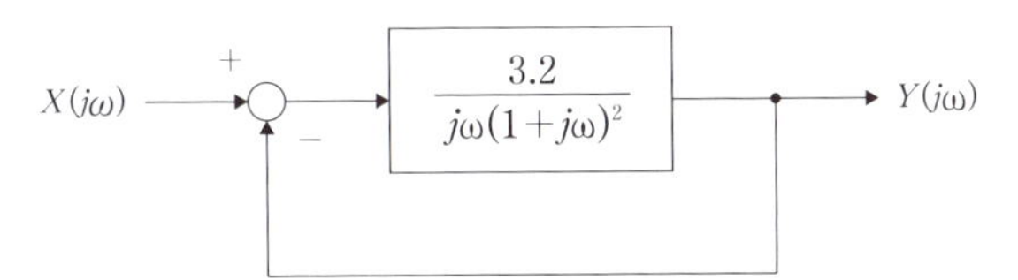

図 6 −15　フィードバック制御系のブロック線図

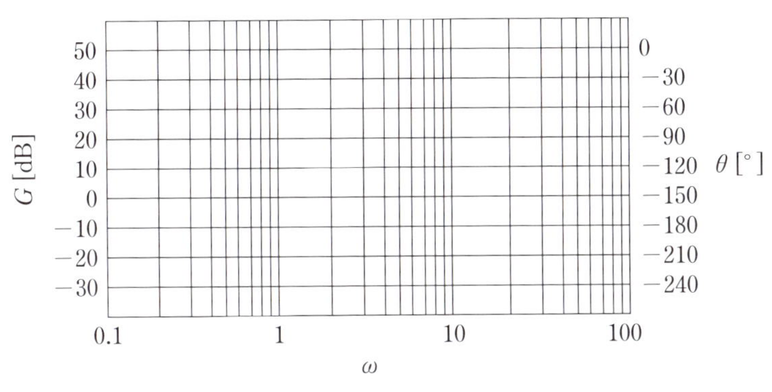

図 6 −16　ボード線図

[解答]

この系の一巡伝達関数は、

$$G(j\omega)H(j\omega) = \frac{3.2}{j\omega(1+j\omega)}$$

です。第 5 章の [例題 5 − 2] で合成伝達関数 $\dfrac{1}{j\omega(1+j\omega)}$ のボード線図を求め、ゲイン特性と位相特性はそれぞれ図 5 −13と図 5 −14となりました。

題意の一巡伝達関数のゲイン特性は、

$$G = 20 \log_{10} |G(j\omega)H(j\omega)|$$

$$= 20 \log_{10} \left| \frac{3.2}{j\omega(1+j\omega)} \right|$$

$$= 20\log_{10} 3.2 + 20\log_{10}\left|\frac{1}{j\omega(1+j\omega)}\right|$$

$$= G_1 + G_2$$

から $G_2 = \dfrac{1}{j\omega(1+j\omega)}$ のゲイン特性を

$$G_1 = 20\log_{10} 3.2 = 10\ [dB]$$

だけ上方向に並行移動すればよいことになります。

位相特性については、$\angle G_1(j\omega) = \angle 3.2 = 0°$ なので、$\dfrac{1}{j\omega(1+j\omega)}$ の位相特性と同じです。位相特性はそのままです。

ボード線図にゲイン特性と位相特性を描くと図6−17のようになります。

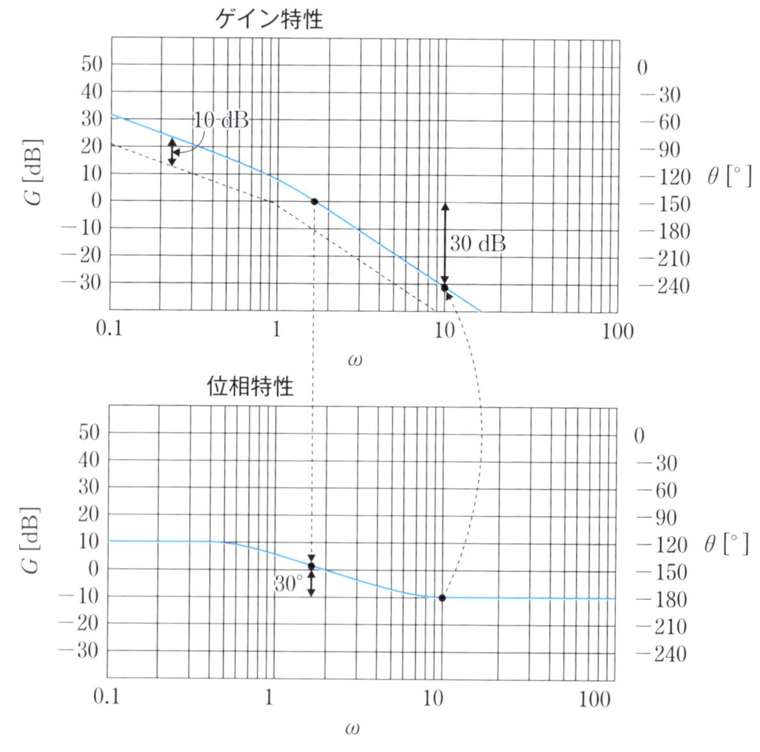

図6−17　ボード線図のゲイン特性と位相特性

安定判別すると次のようになります。

ゲイン特性が 0 [dB] と交叉するときの位相特性は −180° に達していません。

位相余裕は約30°です。

また、位相特性が $-180°$ と交叉するときのゲイン特性は $0\,[dB]$ に達していません。ゲイン余裕は約30[dB] です。

したがって、この系は安定です。

答：安定

最後に、ボード線図による安定判別法のまとめの例題です。

［例題 6 − 5］

ボード線図によるフィードバック制御系の安定判別を行なう場合、次の図（図 6 −18）の中で、系が安定（安定限界にあるものは除く）なのはどれか。

ただし、G は閉ループ伝達関数（一巡伝達関数）のゲインを、θ はその位相角、ω は角周波数を表す。また、G それ自身は安定であるとする。

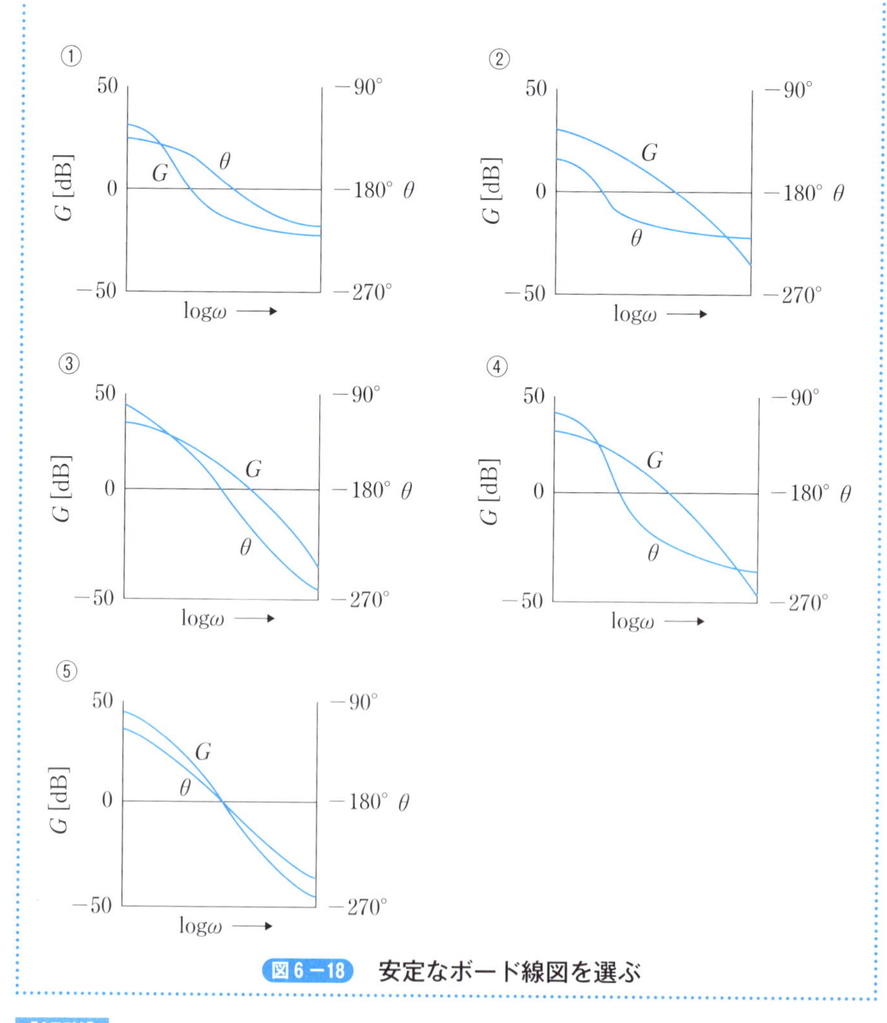

図 6 −18　安定なボード線図を選ぶ

［解説］

フィードバック制御系が安定であるための条件は、一巡伝達関数について描いたボード線図で、次のいずれかを満たせばよいことになります。

（Ⅰ）ゲイン特性が 0 [dB] と交叉するときの位相特性が −180° に達していない

こと。

（Ⅱ）位相特性が $-180°$ と交叉するときのゲイン特性が $0\,[dB]$ に達していないこと。

この条件を満たすボード線図は①だけです。②、③、④の場合は、$G=0\,[dB]$ のときに位相はすでに $-180°$ を超えています。⑤の場合は、$G=0\,[dB]$ のとき位相は $\theta=180°$ で、安定限界です。

重要項目

◇特性方程式と特性根

合成伝達関数 $W(s)=\dfrac{G(s)}{1+G(s)H(s)}$ の分母を

$$1+G(s)H(s)=0$$

とおいた式を特性方程式といいます。特性方程式の根を特性根といいます。

また、特性根をプロットする複素平面を S 平面といいます。すべての特性根が S 平面の左半平面にあれば系は安定です。

◇ナイキストの安定判別法

合成伝達関数 $W(s)=\dfrac{G(s)}{1+G(s)H(s)}$ の一巡伝達関数 $G(j\omega)H(j\omega)$ のベクトル軌跡から系の安定判別をする方法です。$\omega=0\rightarrow\infty$ のときのベクトル軌跡が実軸上の $(-1+j0)$ 点を囲まなければ安定であり、囲んだときは不安定になります。

ベクトル軌跡が単位円と交わるところの角周波数をゲイン交叉角周波数といい、ベクトル軌跡が負の実軸を交わるところの角周波数を位相交叉角周波数といいます。

◇安定度指標

ゲイン余裕と位相余裕で定義されます。安定な系が安定限界になるまでゲインと位相がどの程度余裕があるかを示す尺度です。これらの値が大きいほど系の安定性は保証されます。

図6－5において、ゲイン余裕は $g_m=-20\log_{10}0B\,[dB]$ または $g_m=-20\log_{10}PB\,[dB]$、位相余裕は直線$0A$ と実軸となす角 $\phi[°]$ 定義されます。

◇ボード線図による安定判別法

ボード線図の位相特性が180°と交わるところのゲイン特性の値が0 $[dB]$ より小さければ安定です。また、ゲイン特性が0 $[dB]$ と交わるところの位相特性の値が $-180°$ に達していなければ安定です。いずれもナイキストの安定判別法の条件をそのまま使っています。ボード線図からゲイン余裕と位相余裕を図的に求めることができます。

第 2 部
システム制御

第7章

伝達関数表現とラプラス変換

伝達関数はラプラス変換された入出力の比として表現されます。このことを伝達関数表現といいます。伝達関数表現の基になっているのが、実はラプラス変換です。伝達関数表現を理解するには、ラプラス変換をよく知る必要があります。

前章までは、ラプラス変換の公式集を使って、単に時間関数をラプラス変換の表現に書き直してきましたが。本章では、改めてラプラス変換について説明します。最初に、ラプラス変換の式の使い方について具体例で説明します。次に、基本的な電気回路のインディシャル応答について、ラプラス変換を使って解いていきます。

7－1 伝達関数表現

自動制御の構成要素はブロック線図で表しました。

図７－１は、ブロック線図の基本記号である伝達要素を表わしています。入力信号 $x(t)$、出力信号 $y(t)$ とし、それぞれのラプラス変換を $X(s)$、$Y(s)$ としたとき、伝達関数 $G(s)$ は、

$$G(s)=\frac{Y(s)}{X(s)}$$

と表しました。

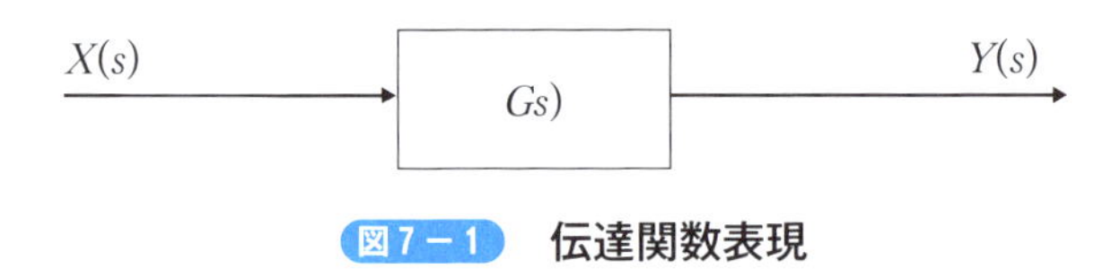

図７－１ 伝達関数表現

このような入出力表現を伝達関数表現といいます。自動制御では最も基本的な表現法です。これに対して次章で説明する状態変数表現というものがあります。

伝達関数表現とは、自動制御の要素の部分はブラックボックス［伝達関数 $G(s)$］とみなして入力と出力の関係のみに着目します。入力がステップ信号の場合に、出力はどのように応答するのか、入力がインパルス信号の場合には出力はどのように応答するのか、このように伝達関数表現は入出力のみを見ます。

伝達関数表現は１入力、１出力の制御系の解析や設計には有効な手段となります。

7-2 ラプラス変換

時間 t の関数 $f(t)$ をラプラス変換する式は、

$$F(s)=L\{f(t)\}=\int_0^{\infty} e^{-st}f(t)dt \quad (7-1)$$

のように定義されます。以降、"ラプラス変換式"ということにします。ここで、$L\{f(t)\}$ は関数 $f(t)$ をラプラス変換することを意味します。"L"はラプラス（*Laplace*）の頭文字で、ラプラス記号です。e^{-st} は指数関数※注といわれるもので、$exp(-st)$ と表現することもできます。

また、ラプラスの逆変換は、

$$L^{-1}\{F(s)\}=f(t) \quad (7-2)$$

のように表記します。

時間 t の関数である $f(t)$ とラプラス変換した s の関数 $F(s)$ の関係を図示すると、図7－2のような関係になります。$f(t)$ と $F(s)$ は表裏一体の関係にあります。

$$f(t) \underset{\text{ラプラス逆変換}}{\overset{\text{ラプラス変換}}{\rightleftarrows}} F(t) \quad (7-3)$$

数学では、$f(t)$ を"表関数"、$F(s)$ を"裏関数"といっています。

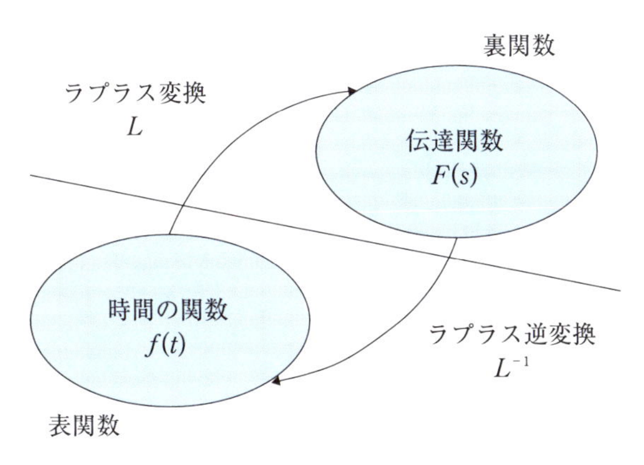

図7－2　f(t) と F(s) の関係

※注：本章末のコラム7－1「指数関数」を参照。

ラプラス変換の表記には、以下のような約束ごとがあります。ラプラス変換固有の表現法です。

・小文字のiやvは大文字のI、Vに書き直す。

・時間tの関数をsの関数に書き直す。

・微分記号$\dfrac{d}{dt}$はsに、積分記号$\int$は$\dfrac{1}{s}$に書き直す。

例をあげると次のようになります。電圧と電流の記号を使います。

電圧：v

電流：i

電流の微分：$\dfrac{di}{dt}$

電流の積分：$\int idt$

これをラプラス変換の表記に書き直すと

電圧：V

電流：I

電流の微分：$sI(s)$

電流の積分：$\dfrac{1}{s}I(s)$

となります。

これらの表現法とラプラス変換の公式集を使うことにより機械的にラプラス変換の表記に書き直すことができます。

具体的なラプラス変換の例を以下に示します。ラプラス変換の公式集※注の中からいくつかを取りあげます。

（I）$f(t)=1$をラプラス変換する

式（7−1）のラプラス変換式に代入します。

$$F(s)=L\{f(t)\}=\int_0^\infty e^{-st}f(t)dt$$

$$=\int_0^\infty e^{-st}1dt$$

$$=\int_0^\infty e^{-st}dt$$

※注：第2章の表2−2を参照。

$$=-\frac{1}{s}[e^{-st}]_0^{\infty}$$

$$=-\frac{1}{s}\left(\frac{1}{e^{\infty}}-\frac{1}{e^{0}}\right)$$

$$=-\frac{1}{s}(0-1)$$

$$=\frac{1}{s}$$

（Ⅱ）$f(t)=e^{at}$（a は定数）をラプラス変換する

同様に、ラプラス変換式に代入します。

$$F(s)=L\{f(t)\}=\int_0^{\infty}e^{st}f(t)dt$$

$$=\int_0^{\infty}e^{-st}e^{at}dt$$

$$=\int_0^{\infty}e^{-(s-a)t}dt$$

$$=\int_0^{\infty}e^{-St}dt$$

$$=\frac{1}{s}$$

$$=\frac{1}{s-a}$$

上の計算では $s-a=s$ とおいています。

（Ⅲ）$f(t)=t$ をラプラス変換する

$$F(s)=L\{f(t)\}=\int_0^{\infty}e^{-st}f(t)dt$$

$$=\int_0^{\infty}e^{-st}tdt$$

ここで、次の公式（関数の積の不定積分）を使います。関数 $u(t)$ と $v(t)$ の微分形をそれぞれ $u'(=\frac{u(t)}{dt})$、$v'(=\frac{v(t)}{dt})$ とおいています。

$$\int u'vdt=uv-\int uv'dt \qquad (7-3)$$

$u'=e^{-st}$、$v=t$ とおくと、次式が得られます。

$$u=\int u'dt=\int e^{-st}dt=-\frac{1}{s}e^{-st}$$

$$v'=1$$

これらを式（7 − 3）に代入します。

$$\int e^{-st}tdt=\frac{1}{s}e^{-st}t-\int\left(-\frac{1}{s}e^{-st}\right)1dt$$

$$=\frac{1}{s}e^{-st}t+\frac{1}{s}\int e^{-st}dt$$

$$=\frac{1}{s}e^{-st}t+\frac{1}{s}\left(-\frac{1}{s}e^{-st}\right)$$

$$=\frac{1}{s}e^{-st}t-\frac{1}{s^2}e^{-st}$$

これを改めて最初のラプラス変換式に代入します。

$$\int_0^{\infty}e^{-st}f(t)dt=\left[\frac{1}{s}e^{-st}t-\frac{1}{s^2}e^{-st}\right]_0^{\infty}$$

$$=0+\frac{1}{s^2}$$

$$=\frac{1}{s^2}$$

したがって、$L\{f(t)\}=L\{t\}=\frac{1}{s^2}$となります。

ラプラス変換はこのようにラプラス変換式を使って計算することができます。式によっては少し計算が複雑な場合があります。実際には、ラプラス変換の公式集を利用すると便利です。

7－3 R-C 直列回路の過渡応答

最初に、$R-C$ 直列回路のインディシャル応答について、ラプラス変換を使わずに、単純に数学的な方法で解いてみます。

図7－3に示すように、スイッチ S を ON にして、抵抗 R とコンデンサ C の直列回路に直流電圧 E を加えます。このとき回路に流れる電流 i について式を導きます。

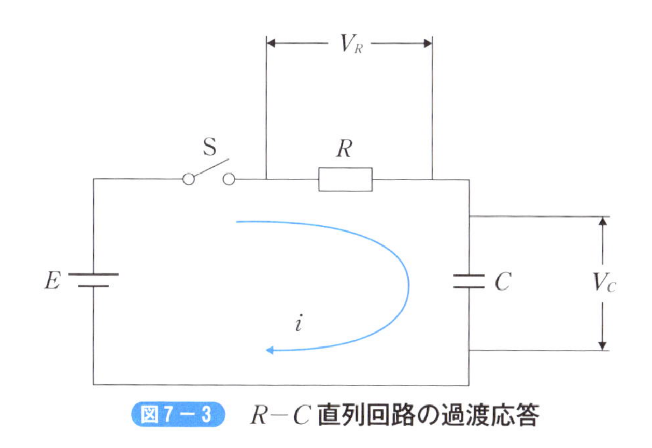

図7－3　$R-C$ 直列回路の過渡応答

抵抗の両端の電圧はオームの法則から、

$$V_R=R\cdot i$$

です。

また、コンデンサの両端の電圧は、

$$V_C=\frac{1}{C}\int idt$$

です。

キルヒホッフの第2法則（電圧の法則）から直流電圧 E は、

$$E=V_R+V_C=Ri+\frac{1}{C}\int idt \qquad (7-4)$$

となります※注1。電流 i について**積分方程式**※注2が得られます。

※注1：第3章の式（3－6）と同様。

※注2：積分方程式とは、$y(t)=ax(t)+b\int x(t)dt$ のように式の積分の中に未知の関数 $x(t)$ を含む方程式をいう。上の式の場合、電流 $i(t)$ が時間 t についての未知関数である。

この積分方程式を電流 i について解きます。

式（7−4）の両辺を t について微分します。

$$0 = R\frac{di}{dt} + \frac{1}{C}i$$

この式を書き直します。

$$\frac{di}{dt} = -\frac{1}{RC}i$$

さらに、次のように書き直します。変数 di と dt に分けることから変数分離といいます。

$$\frac{1}{i}di = -\frac{1}{RC}dt$$

両辺を積分します。c は積分定数です。

$$\int\frac{1}{i}di = -\frac{1}{RC}\int dt + c$$

これから

$$\log i = -\frac{1}{RC}t + c$$

を得ます。

対数を指数の形に書き直します。

$$i = \exp\left(-\frac{1}{RC}t + c\right) = \exp\left(-\frac{1}{RC}t\right)\cdot\exp c$$

ここで、定数 $\log c$ を A とおくと、

$$i = A\exp\left(-\frac{1}{RC}t\right) \qquad (7-5)$$

が得られます。これが上記の積分方程式の一般解といわれるものです。

次に、一般解に、初期条件（$t = 0$、$i = \frac{E}{R}$）を代入します。これは、入力であるステップ電圧の条件です。

$$\frac{\mathrm{E}}{R} = A\exp\left(-\frac{1}{RC}\cdot 0\right) = A$$

これより、定数 A は、

$$A = \frac{E}{R}$$

が得られます。

これを一般解に代入すると、

$$i=\frac{\mathrm{E}}{R}=\exp\left(-\frac{1}{RC}t\right) \qquad (7-6)$$

が得られます。これが**特殊解**といわれるものです。

この式から時間tを横軸に、電流iを縦軸に取ったものが、図7－4の過渡応答のグラフになります。

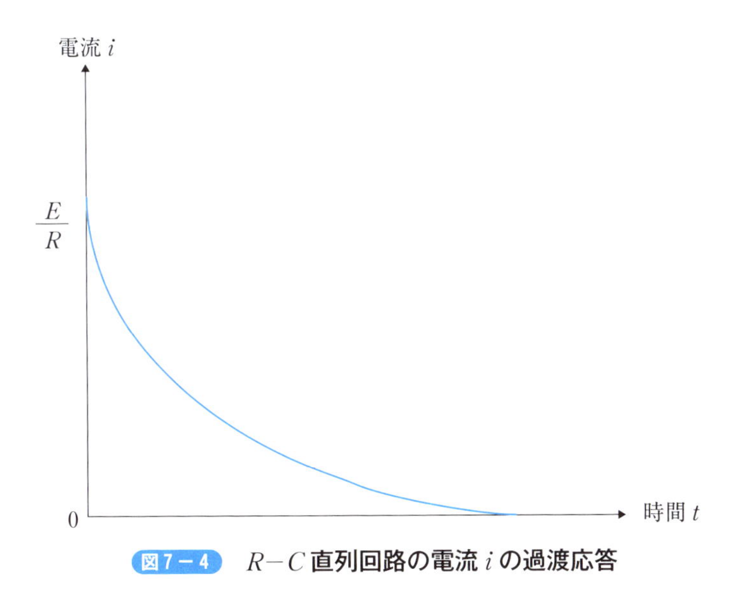

図7－4　$R-C$ **直列回路の電流** i **の過渡応答**

7−4 R-C 直列回路のラプラス変換

同じ、$R-C$ 直列回路のインディシャル応答についてラプラス変換の公式を使って解いてみます。

さっそく、式（7 − 4）の積分方程式

$$E = Ri + \frac{1}{C}\int idt$$

をラプラス変換します。

ラプラス変換の公式を使って書き直します。

$$E \cdot \frac{1}{S} = RI(s) + \frac{1}{C} \cdot \frac{1}{s} I(s)$$

ここで、$L\{E\} = L\{E \cdot 1\} = E \cdot L\{1\} = E\frac{1}{s}$、$L\{\int idt\} = \frac{1}{s}I(s)$ です。R と C は定数なので外に出しています。

右辺を書き直します。

$$\frac{E}{S} = \frac{CRs \cdot I(s) + I(s)}{Cs} = \frac{I(s)(CRs+1)}{Cs}$$

両辺の分母の s を打ち消して、$I(s)$ について整理します。

$$I(s) = \frac{EC}{CRs+1}$$

さらに、式を書き直して

$$I(s) = \frac{E}{R} \cdot \frac{1}{s + \frac{1}{CR}} \qquad (7-7)$$

を得ます。これが電流 i をラプラス変換の表記で表わした式です。

次に、式（7 − 7）をラプラス逆変換します。

ラプラス変換の表記と公式を使って機械的に書き直します。

左辺：$I(s) \to i(t)$

右辺：$\to \dfrac{1}{s + \frac{1}{CR}} \to e^{-\frac{1}{CR}t}$

したがって、ラプラス逆変換の結果は、

$$i(t)=\frac{E}{R}e^{-\frac{1}{CR}t} \tag{7－8}$$

または

$$i(t)=\frac{E}{R}\exp\left(-\frac{1}{CR}\right)t \tag{7－9}$$

になります。直接、積分方程式を解いた特殊解の式（7－6）と一致します。

この式をグラフにすると、同様に図7－4になります。R－C 直列回路のインディシャル応答が得られました。

［例題7－1］

次の式をラプラス変換しなさい。ただし、A、B、C は定数とする。

（1）$f(t)=3A+5B-0.5C$

（2）$f(t)=\frac{d(1)}{dt}$

（3）$f(t)=\int 1dt$

（4）$f(t)=\frac{d^2i(t)}{dt^2}$

（5）$f(t)=4x(t)+2\frac{dx(t)}{dt}$

［解答］

ラプラス変換の公式集を使います。

（1）題意から、$3A$、$5B$、$0.5C$ はいずれも定数です。

個々に、ラプラス変換の表記に書き換えると、

$$3A\rightarrow\frac{3A}{s}$$

$$5B\rightarrow\frac{5B}{s}$$

$$0.5C\rightarrow\frac{0.5C}{s}$$

です。

したがって、題意の式は

$$L\{f(t)\}=\frac{3A}{s}+\frac{5B}{s}+\frac{0.5C}{s}$$

となります。

（2）同様に、公式集から

$$L\{f(t)\}=\left\{L\frac{d(1)}{dt}\right\}=s\cdot 1=s$$

となります。すなわち、

$$\frac{d}{dt}1\xrightarrow{\text{ラプラス変換}}\frac{1}{s}$$

です。

（3）公式集から

$$L\{\int f(t)dt\}=L\{\int 1dt\}=\frac{1}{s}\cdot 1=\frac{1}{s}$$

となります。すなわち、

$$\int 1dt\xrightarrow{\text{ラプラス変換}}\frac{1}{s}$$

です。

（4）2階微分は、次のように分けて考えます。

$$\frac{d^2i(t)}{dt^2}=\frac{d}{dt}\left(\frac{di(t)}{dt}\right)$$

これをラプラス変換します。

$$\frac{di(t)}{dt}\to s\cdot I(s)$$

$$\frac{d(s\cdot I(s))}{dt}=\frac{d}{dt}(sI(s))\to s\cdot(s\cdot I(s))=s^2I(s)$$

これより、2階微分のラプラス変換は、

$$L\left\{\frac{d^2i(t)}{dt^2}\right\}=s^2I(s)$$

となります。

すなわち、

$$\frac{d^2}{dt^2}\xrightarrow{\text{ラプラス変換}}s^2$$

となります。覚えておくと便利です。

（5）各項をラプラス変換の表記に書き換えます。

$$4x(t)\to 4X(s)$$

$$2\frac{dx(t)}{dt}=2\cdot sX(s)$$

したがって、題意の式は

$$L\{f(t)\}=4X(s)+2sX(s)$$

となります。

答：（1）$L\{f(t)\}=\dfrac{3A}{s}+\dfrac{5B}{s}+\dfrac{0.5C}{s}$、（2）$L\left\{\dfrac{d(1)}{dt}\right\}=s$、（3）$L\{\int f(t)dt\}=\dfrac{1}{s}$、（4）$L\left\{\dfrac{d^2i(t)}{dt^2}\right\}=s^2I(s)$、（5）$L\{f(t)\}=4X(s)+2sX(s)$

[例題7－2]

図7－5の R－L 直列回路にステップ電圧 E を加えたときの電流 $i(t)$ の式を導きなさい。また、$i(t)$ のインディツシャル応答をスケッチしなさい。

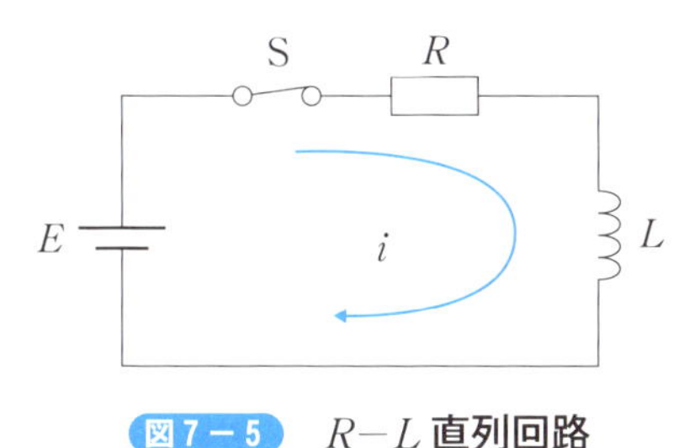

図7－5　R－L 直列回路

[解答]

電流 i について微分方程式を導きます。

$$E=Ri+L\frac{di}{dt}$$

ラプラス変換の公式を使って、ラプラス変換の表記に直します。

$$E\cdot\frac{1}{s}=R\cdot I(s)+L\cdot sI(s)$$

式を整理します。

$$I(s)=\frac{E}{s(R+sL)}$$

$$=\frac{E}{sR+s^2L}$$

$$=\frac{E}{R}\left(\frac{1}{s}\cdot\frac{R}{R+sL}\right)$$

ここで、右辺の $\frac{R}{R+sL}$ について次のように変形します。

$$\frac{R}{R+sL}=\frac{(R+sL)-sL}{R+sL}$$

$$=1-\frac{sL}{R+sL}$$

$$=1-\frac{1}{\frac{R}{sL}+1}$$

これを上の式に代入します。

$$\mathrm{I(s)}=\frac{E}{R}\left\{\frac{1}{s}\left(1-\frac{1}{\frac{R}{sL}+1}\right)\right\}$$

$$=\frac{E}{R}\left\{\frac{1}{s}-\frac{1}{s+\frac{R}{L}}\right\} \qquad (7-10)$$

これが電流 $i(t)$ のラプラス変換の式です。

次に、式（7 −10）をラプラス逆変換します。

$$\mathrm{L}^{-1}\{\mathrm{I(s)}\}=L^{-1}\left\{\frac{E}{R}\left(\frac{1}{s}-\frac{1}{s+\frac{R}{L}}\right)\right\}$$

ラプラス変換の公式から、

$$I(s)\rightarrow i(t)$$

$$\frac{1}{s}\rightarrow 1$$

$$\frac{1}{s+\frac{R}{L}}\rightarrow e^{-\frac{R}{L}t}$$

となります。

したがって、ラプラス逆変換の結果は、

$$i(t)=\frac{E}{R}\left(1-e^{-\frac{R}{L}t}\right) \qquad (7-11)$$

または、

$$i(t)=\frac{E}{R}\left\{1-\exp\left(-\frac{R}{L}t\right)\right\} \qquad (7-12)$$

となります。

インディシャル応答は図７－６のようになります。すなわち、$t=0$ のときに $i(0)=0$ で、$t=\infty$ で $i(\infty)=\dfrac{E}{R}$ に漸近します。

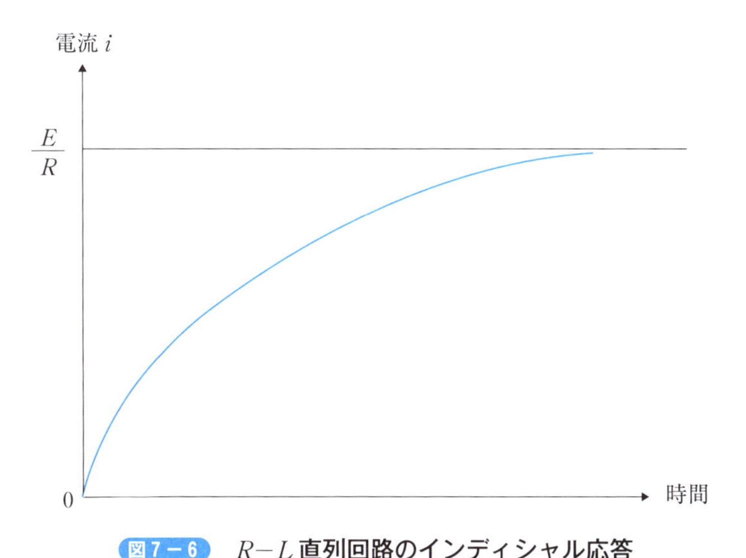

図７－６　$R-L$ 直列回路のインディシャル応答

答：$i(t)=\dfrac{E}{R}\left(1-e^{-\frac{R}{L}t}\right)$ または $i(t)=\dfrac{E}{R}\left\{1-\exp\left(-\dfrac{R}{L}t\right)\right\}$、

インディシャル応答 → 図７－６

重要項目

◇伝達関数表現

伝達要素の伝達関数を入出力信号のラプラス変換の比として、

$$G(s)=\frac{Y(s)}{X(s)}$$

と表わす表現法を伝達関数表現といいます。伝達要素を１入力、１出力のブラックボックスとみなして入力と出力の関係のみに着目します。

◇ラプラス変換の式

時間 t の関数 $f(t)$ をラプラス変換する式は次式で定義されます。

$$F(s)=L\{f(t)\}=\int_0^\infty e^{-st}f(t)dt$$

“L” はラプラス記号で、$L\{f(t)\}$ は関数 $f(t)$ をラプラス変換することを意味します。e^{-st} は指数関数です。

ラプラスの逆変換は、

$$L^{-1}\{F(s)\}=f(t)$$

のように表記します。

◇ラプラス変換の表記法

ラプラス変換の表記には、固有の表現法があります。

・小文字の i や v は大文字の I、V に書き直す。

・時間 t の関数を s の関数に書き直す。

・微分記号 $\dfrac{d}{dt}$ は s に、積分記号 $\int$ は $1/s$ に書き直す。

時間関数 $i(t)$ はラプラス変換の表記では $I(s)$ のように書きます。また、微分と積分の場合は、$\dfrac{di(t)}{dt} \to sI(s)$、$\int i(t)dt \to \dfrac{1}{s}I(s)$ のように書きます。

◇ R−C 直列回路のラプラス変換

回路に流れる電流のラプラス変換は次式で与えられます。

$$I(s)=\frac{E}{R}\cdot\frac{1}{s+\dfrac{1}{CR}}$$

これをラプラス逆変換すると、

$$L^{-1}\{I(s)\}=i(t)=\frac{E}{R}e^{-\frac{1}{CR}t}$$

が得られます。

◇ R−L 直列回路のラプラス変換

回路に流れる電流のラプラス変換は次式で与えられます。

$$I(s)=\frac{E}{R}\left\{\frac{1}{s}-\frac{1}{s+\dfrac{R}{L}}\right\}$$

これをラプラス逆変換すると、

$$L^{-1}\{i(t)\}=\frac{E}{R}\left(1-e^{-\frac{R}{L}t}\right)$$

が得られます。

コラム7－1　指数関数

指数関数について説明します。$3\times3\times3\times3\times3=243=3^5$のように同じ数を掛け算することを**累乗**といい、数5を**指数**または**ベキ指数**といいます。ここで、243をy、3をa、5をxとおくと、$y=a^x=\exp_a x$という関数に置き換えられます。aを一定の数とするとxが決まればyが決まります。このような関数を**指数関数**といいます。expは"エクスポーネンシャル"と発音します。$a=e=2.718$とおいた$y=\exp_e x$は、一般に$y=\exp x$または$y=e^x$と書きます。ラプラス変換の式の中のe^{-st}は、この関数表現を使ったものです。

指数計算の例です。

$$e^0=1 \qquad e^{-x}=\frac{1}{e^x}$$

$$\frac{1}{e^0}=1 \qquad \int e^{ax}dx=\frac{1}{a}e^{ax}$$

$$e^{\infty}=\infty \qquad \frac{d}{dx}(e^{ax})=ae^{ax}$$

$$\frac{1}{e^{\infty}}=0$$

指数と対数の関係は次のようになります。

$$y=a^x=\exp_a x \quad \Leftrightarrow \quad x=\exp_a y$$

指数　　　　　　対数

第8章
状態変数表現

これまでは、制御系の入出力の関係は、伝達要素の入出力信号をラプラス変換してその比である伝達関数という１入力１出力の表現法で説明してきました。本章では、伝達要素を伝達関数というブラックボックス化したものでなく、ブラックボックスの中身に着目して出力応答がどのように推移していくかを扱います。具体的には、微分方程式を扱います。最初に、状態方程式と出力方程式について説明します。次に、入出力の関係を図的に表現する状態変数線図について説明します。最後に、状態方程式と出力方程式から出力応答を求め、グラフを作成します。

8－1 状態変数表現の目的

伝達関数表現には次のような問題点があります。

・1入力、1出力以外の制御系は扱いにくい。

・線形システムが主な対象になるので、非線形システムは扱いにくい。

・伝達関数を求める際には、すべての初期値をゼロにしているので、初期値を考慮する場合には扱いにくい。

大規模なシステムを構築したり、制御系により高度な目的をもたせようとする場合には、単に、入力に対する出力応答を見るといった扱いでは限界があります。すなわち、制御系をブラックボックスとして取り扱うよりは、系の内部状態に着目して、その状態がどのように推移していくのかを見る必要があります。

このような場合には初期値の影響が無視できなくなります。したがって、これまでのように伝達関数を扱うのではなく、制御系内部の微分方程式を直接扱うことになります。

これを対象にした制御系の表現法を状態変数表現といいます。状態変数表現は少し難しいところもありますが、手順に馴れてしまえば逆に興味が沸きます。

8－2 状態方程式と出力方程式

はじめに、少し堅苦しい話しをします。

一般に、線形[※注1]の制御系に対して、応答の時間的な変化は n 階の微分方程式[※注2]で表現されます。

$$\frac{d^n x}{dt^n} + a_1 \frac{d^{n-1} x}{dt^{n-1}} + \cdots + a_n = u(t) \qquad (8-1)$$

ここで、微分の階数とは、$\frac{dx}{dt}$ は x について1回微分する、$\frac{d^2x}{dt^2} = \frac{d}{dt}\left(\frac{dx}{dt}\right)$ は2回微分する、…といったように微分の回数のことです。

上の式（8－1）は、n 個の変数 x に関する n 個の連立1階微分方程式として以下のように表現します。

$$\begin{cases} \frac{dx_1(t)}{dt} = f_1(x_1(t),\ x_2(t),\ \cdots,\ x_n(t),\ u(t)) \\ \frac{dx_2(t)}{dt} = f_2(x_1(t),\ x_2(t),\ \cdots,\ x_n(t),\ u(t)) \\ \qquad\cdots\cdots \\ \frac{dx_n(t)}{dt} = f_n(x_1(t),\ x_2(t),\ \cdots,\ x_n(t),\ u(t)) \end{cases} \qquad (8-2)$$

$$y(t) = g(x_1(t),\ x_2(t),\ \cdots,\ x_n(t),\ u(t)) \qquad (8-3)$$

ここで、$x_1(t)$、$x_2(t)$、…、$x_n(t)$ を状態変数、式（8－2）を状態方程式、式（8－3）を出力方程式と定義します。

それでは具体例で状態方程式と出力方程式を導いてみましょう。電気系と機械系を取り上げます。どちらも2次遅れ要素といわれている系です。

※注1：$y = ax + b$ のような1次式や $a\frac{d^2x}{dt^2} + b\frac{dx}{dt}c = 0$ のような微分方程式で表されるものを線形という。$\left(\frac{dx}{dt}\right)^2$ や $\frac{dx}{dt}\frac{dy}{dt}$ のような導関数の積の形で入っているものは非線形という。多くの場合、普通の振動現象は線形の微分方程式で表される。一方、特異な現象が現れる振動現象は、微分方程式が非線形になる。制御では線形を扱う場合を線形システムといい、非線形を扱う場合を非線形システムという。

※注2：y を x の関数とし、これの導関数を $\frac{dy}{dt}$、$\frac{d^2y}{dt^2}$、…、$\frac{d^ny}{dt^n}$ としたとき、これらを含む方程式を常微分方程式（じょうびぶんほうていしき）という。“常”は偏微分方程式（へんびぶんほうていしき）に対する言葉なので、普通は省略して使う。

8－3 電気系の2次遅れ要素

図8－1に$R-L-C$直列回路を示します。入力電圧$u(t)$に対する出力応答（出力電圧）を$y(t)$とします。この回路は2次遅れ要素といいます※注。

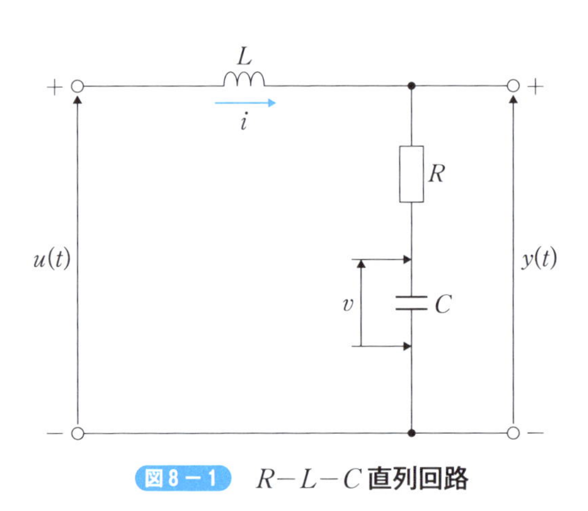

図8－1　$R-L-C$直列回路

キルヒホッフの法則から次式が導かれます。
抵抗R、コンデンサC、コイルL、回路に流れる電流$i(t)$、コンデンサの端子電圧$v(t)$とします。

$$L\frac{di(t)}{dt}+R\cdot i(t)+v(t)=u(t)$$

$$C\frac{dv(t)}{dt}=i(t) \qquad (8-4)$$

$$y(t)=R\cdot i(t)+v(t)$$

これらの式を整理します。

$$\frac{di(t)}{dt}=-\frac{R}{L}\cdot i(t)-\frac{1}{L}\cdot v(t)+\frac{1}{L}\cdot u(t)$$

$$\frac{dv(t)}{dt}=\frac{1}{C}\cdot i(t) \qquad (8-5)$$

$$y(t)=R\cdot i(t)+v(t)$$

※注：2次遅れ要素については第3章3－6「2次遅れ要素」を参照。

ここで、$x_1(t)=i(t)$、$x_2(t)=v(t)$ を状態変数として、式（8－5）を書き直します。

$$\frac{dx_1(t)}{dt}=-\frac{R}{L}x_1-\frac{1}{L}x_2+\frac{1}{L}u$$

$$\frac{dx_2}{dt}=\frac{1}{C}x_1 \qquad (8-6)$$

$$y(t)=Rx_1+x_2$$

これらの式と上記の式（8－2）および式（8－3）と見比べてみてください。x_1と x_2について2個の連立1階微分方程式（状態方程式）と出力方程式に書き直すことができました。

なお、式（8－6）は行列形式で表現することができます※注。機械的に次のように書き直します。

式（8－6）の上の2式（状態方程式）は、

$$\frac{d}{dx}\begin{bmatrix}x_1\\x_2\end{bmatrix}=\begin{bmatrix}-\frac{R}{L} & -\frac{1}{L}\\ \frac{1}{C} & 0\end{bmatrix}\begin{bmatrix}x_1\\x_2\end{bmatrix}+\begin{bmatrix}\frac{1}{L}\\0\end{bmatrix}u \qquad (8-7)$$

のように書きます。

これに習って、式（8－6）の下の式（出力方程式）は、

$$y=[R \quad 1]\begin{bmatrix}x_1\\x_2\end{bmatrix} \qquad (8-8)$$

のように書きます。

状態方程式と出力方程式をこのように行列表現で書いてもかまいません。

※注：行列と行列の基本計算については本章末のコラム8－1「行列」を参照。

8－4 機械系の 2 次遅れ要素

図 8 － 2 を見てください。質量 m の物体が天井からダンパー付きバネで吊るされています。ここで、物体に加わる外力を f、バネ定数を k、ダンパーの減衰係数を c、平衡位置からのずれを y とします。

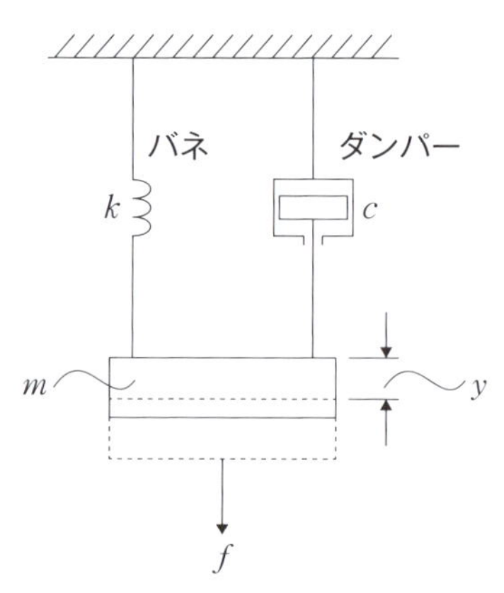

図 8 － 2　ダンパー付きバネに y 吊るされた物体

この運動方程式のモデルでは次の微分方程式が成り立ちます。

$$m\frac{d^2y}{dt^2}+c\frac{dy}{dt}+ky=f \qquad (8-9)$$

ここで、$t=0$ のときの初期値 $y(0)$ と $\frac{dy(0)}{dt}$ が与えられれば、任意の f に対する解が求まります。

$x_1=y$、$x_2=\frac{dy}{dt}\left(=\frac{dx_1}{dt}\right)$ を状態変数として、式（8 － 9）を書き直します。

$$\frac{d^2y}{dt^2}=-\frac{c}{m}\frac{dy}{dt}-\frac{k}{m}y+\frac{1}{m}f$$

これを状態変数で表現すると、

$$\begin{cases}\dfrac{dx_1}{dt}=x_2\\ \dfrac{d^2x_2}{dt^2}=-\dfrac{c}{m}x_2-\dfrac{k}{m}x_1+\dfrac{1}{m}f\end{cases} \qquad (8-10)$$

となります。x_1と x_2について2個の連立1階微分方程式（状態方程式）に書き直すことができました。

出力方程式は、平衡位置からのずれ y そのものになります。すなわち、

$$y = x_1 \qquad (8-11)$$

です。

式（8－10）と式（8－11）を行列形式で表現します。機械的に書き直します。それぞれ式（8－12）、式（8－13）になります。

$$\frac{d}{dt}\begin{bmatrix} x_1 \\ x_2 \end{bmatrix} = \begin{bmatrix} 0 & 1 \\ -\frac{k}{m} & -\frac{c}{m} \end{bmatrix}\begin{bmatrix} x_1 \\ x_2 \end{bmatrix} + \begin{bmatrix} 0 \\ \frac{1}{m} \end{bmatrix} f \qquad (8-12)$$

$$y = \begin{bmatrix} 1 & 0 \end{bmatrix}\begin{bmatrix} x_1 \\ x_2 \end{bmatrix} \qquad (8-13)$$

［例題 8－1］

図8－3に示す直並列電気回路の状態方程式と出力方程式を行列形式で導きなさい。ただし、入力電圧を u、出力電圧を y とし、状態変数を $v_1 \to x_1$、$v_2 \to x_2$とする。

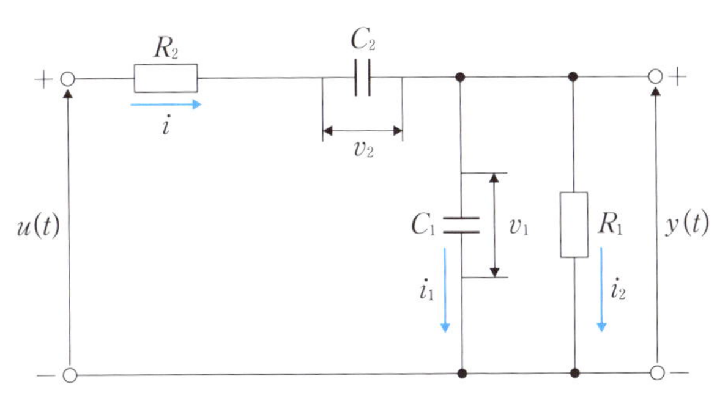

図8－3　直並列電気回路

［解答］

キルヒホッフの法則から以下の式が成り立ちます。

$$R_2 i + v_2 + v_1 = u \qquad (8-14)$$

$$C_2 \frac{dv_2}{dt} = i \qquad (8-15)$$

$$C_1 \frac{dv_1}{dt} = i_1 \qquad (8-16)$$

$$\frac{v_1}{R_1}=i_2 \tag{8-17}$$

$$i_1+i_2=i \tag{8-18}$$

$$y=v_1 \tag{8-19}$$

式（8－15）を式（8－14）に代入します。

$$R_2C_2\frac{dv_2}{dt}+v_2+v_1=u$$

この式を書き直します。

$$\frac{dv_2}{dt}=-\frac{1}{R_2C_2}v_1-\frac{1}{R_2C_2}v_2+\frac{1}{R_2C_2}u \tag{8-20}$$

式（8－18）に式（8－15）、式（8－16）、式（8－17）を代入します。

$$C_1\frac{dv_1}{dt}+\frac{v_1}{R_1}=C_2\frac{dv_2}{dt}$$

この式の右辺 $\frac{dv_2}{dt}$ に式（8－20）を代入します。

$$C_1\frac{dv_1}{dt}+\frac{v_1}{R_1}=C_2\left(-\frac{1}{R_2C_2}v_1-\frac{1}{R_2C_2}v_2+\frac{1}{R_2C_2}u\right)$$

この式を整理します。

$$\begin{aligned}C_1\frac{dv_1}{dt}&=C_2\left(-\frac{1}{R_2C_2}v_1-\frac{1}{R_2C_2}v_2+\frac{1}{R_2C_2}u\right)-\frac{v_1}{R_1}\\&=-\frac{1}{R_2}v_1-\frac{1}{R_2}v_2+\frac{1}{R_2}u-\frac{1}{R_1}v_1\\&=-\left(\frac{1}{R_1}+\frac{1}{R_2}\right)v_1-\frac{1}{R_2}v_2+\frac{1}{R_2}u\end{aligned}$$

これから、

$$\frac{dv_1}{dt}=-\left(\frac{1}{R_1}+\frac{1}{R_2}\right)\frac{1}{C_1}v_1-\frac{1}{C_1R_2}v_2+\frac{1}{C_1R_2}u \tag{8-21}$$

が得られます。

式（8－20）と式（8－21）を状態変数で書き直します。

式（8－21）は、

$$\frac{dx_1}{dt}=-\left(\frac{1}{R_1}+\frac{1}{R_2}\right)\frac{1}{C_1}x_1-\frac{1}{C_1R_2}x_2+\frac{1}{C_1R_2}u \tag{8-22}$$

式（8－20）は、

$$\frac{dx_2}{dt}=-\frac{1}{R_2C_2}x_1-\frac{1}{R_2C_2}x_2+\frac{1}{R_2C_2}u \tag{8-23}$$

となります。

また、出力方程式は (19) 式から、

となります。

$$y = x_1 \qquad (8-24)$$

となります。

x_1と x_2について 2 個の連立 1 階微分方程式に書き直すことができました。

状態方程式の式（8 −22）と式（8 −23）を改めて行列形式に書き直します。

$$\frac{d}{dt}\begin{bmatrix} x_1 \\ x_2 \end{bmatrix} = \begin{bmatrix} -\left(\frac{1}{R_1}+\frac{1}{R_2}\right)\frac{1}{C_1} & -\frac{1}{C_1 R_2} \\ -\frac{1}{R_2 C_2} & -\frac{1}{R_2 C_2} \end{bmatrix}\begin{bmatrix} x_1 \\ x_2 \end{bmatrix} + \begin{bmatrix} \frac{1}{C_1 R_2} \\ \frac{1}{C_2 R_2} \end{bmatrix} u \qquad (8-25)$$

出力方程式は式（8 −24）を書き直して

$$y = \begin{bmatrix} 1 & 0 \end{bmatrix}\begin{bmatrix} x_1 \\ x_2 \end{bmatrix} \qquad (8-26)$$

となります。

答：$$\frac{d}{dt}\begin{bmatrix} x_1 \\ x_2 \end{bmatrix} = \begin{bmatrix} -\left(\frac{1}{R_1}+\frac{1}{R_2}\right)\frac{1}{C_1} & -\frac{1}{C_1 R_2} \\ -\frac{1}{R_2 C_2} & -\frac{1}{R_2 C_2} \end{bmatrix}\begin{bmatrix} x_1 \\ x_2 \end{bmatrix} + \begin{bmatrix} \frac{1}{C_1 R_2} \\ \frac{1}{C_2 R_2} \end{bmatrix} u$$

$$y = \begin{bmatrix} 1 & 0 \end{bmatrix}\begin{bmatrix} x_1 \\ x_2 \end{bmatrix}$$

8－5 状態変数線図

状態変数線図（*state variable diagram*）とは、系の入出力の関係を積分要素と定数を用いて図的に表現したものです。状態方程式と出力方程式と合わせて一体で取り扱います。

積分要素は図8－4（a）のように書きます。右向きの三角形の中に数学の積分記号$\int$を記入します。定数は四角の箱の中に定数を記入します。

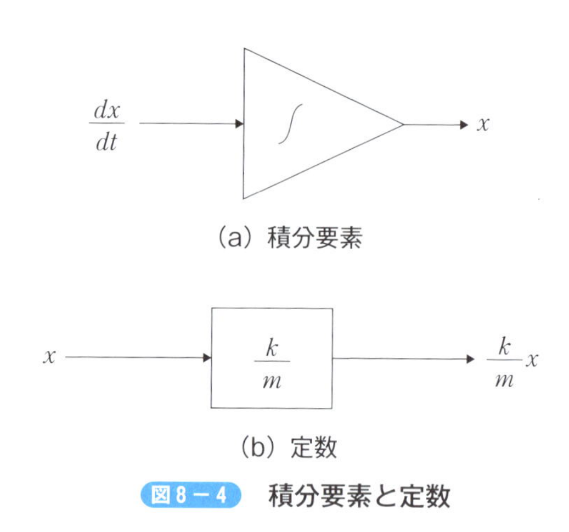

図8－4 積分要素と定数

積分要素は文字通り、入力が微分$\frac{dx}{dt}$の場合には、出力はxになります。

定数は同図（b）のように書きます。四角の中に定数（または係数）を記入します。

入力がxの場合には出力は定数を乗じた$\frac{k}{m}x$になります。

線図の加え合わせ点と引き出し点の使い方はブロック線図と同じです。加え合わせ点は、正負の符号を付けて和または差を表します。引き出し点は分岐を表します。

さっそく、電気系の2次遅れ要素である図8－1について状態変数線図を描いてみます。

式（8－6）から図8－5のように引くことができます。

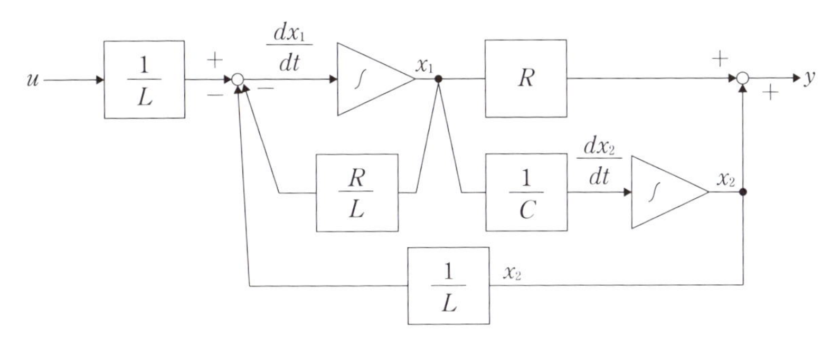

図8－5　状態変数線図（電気系の2次遅れ要素）

線図は少し込み入っていますが、ブロックごとに線図の流れをたどっていくと、状態方程式と出力方程式に従っていることが理解できます。

なお、線図には状態変数 x とその微分形 $\dfrac{dx}{dt}$ を記入します。

それでは実際に、次の例題で状態変数線図の作図に挑戦してみます。

［例題8－2］

図8－6は、図8－2に示す機械系の2次要素の式（8－10）と式（8－11）から得られた状態変数線図を示す。(a)、(b)、(c)、(d)、(e)、(f) に状態変数やその微分、定数などの記号を入れなさい。

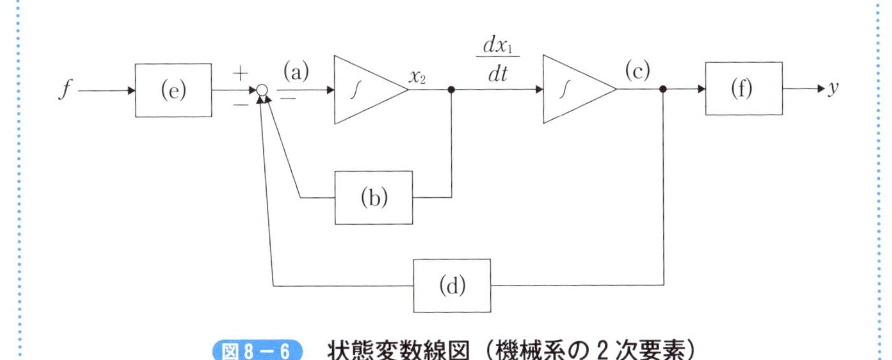

図8－6　状態変数線図（機械系の2次要素）

［解答］

(a) は積分要素の入力で、出力が x_2 なので積分前の $\dfrac{dx_2}{dt}$ になります。

(b) は式（8 −10）の $-\frac{c}{m}\cdot x_2$ から定数の $\frac{c}{m}$ になります。負の符号は加え合わせ点で表記します。

(c) は入力 $\frac{dx_1}{dt}$ を積分要素で積分するので x_1になります。

(d) は式（8 −10）の $-\frac{k}{m}\cdot x_1$ から定数の $\frac{k}{m}$ になります。負の符号は (b) と同様、加え合わせ点で + の表記をします。

(e) は 式（8 −10）の $\frac{1}{m}\cdot f$ から定数の $\frac{1}{m}$ になります。符号は正なので加え合わせ点で + の表記をします。

(f) は式（8 −11）の出力方程式を $y = 1\cdot x_1$として、定数 1 になります。

これらをすべて書き込んでから線図の流れをたどると、状態方程式と出力方程式を表していることが確認できます。

答：(a) $\frac{dx_2}{dt}$、(b) $\frac{c}{m}$、(c) x_1、(d) $\frac{k}{m}$、(e) $\frac{1}{m}$、(f) 1

8－6 状態方程式の解

状態方程式と出力方程式が求まると、これを解いて系がどのような挙動（時間的な推移）をするのか見ることができます。

また、少し堅苦しい話しをします。

$x(t)$ を状態変数として、状態方程式と出力方程式の一般形は次のように表されます。

$$\frac{d}{dt}\dot{x}=A\dot{x}+bu \qquad (8-27)$$

$$y=C\dot{x}+du \qquad (8-28)$$

ここで、x の頭についている“・”（ドット）はベクトル表示です※注1。すなわち、ベクトル $\dot{x}$ は $\dot{x}=\begin{bmatrix} x_1 \\ x_2 \\ \cdots \\ x_n \end{bmatrix}$ のことで、状態変数を行列表現したものです。これを**状態ベクトル**といいます。したがって、A、b、C、d も行列で表現されます。$u(t)$ は系の入力で、$y(t)$ は出力です。

この系で $t=0$ における状態変数の初期値 $x(0)$ と入力 $u(t)$ が与えられれば、解 $x(t)$ を求めることができます。

解 $x(t)$ は次のように表されます。

$$x(t)=e^{At}x(0)+\int_0^t e^{A(t-\tau)}bu(t)d\tau \qquad (8-29)$$

出力 $y(t)$ は、これを出力方程式に代入して得られます。

$$y(t)=\underbrace{Ce^{At}x(0)}_{\text{零入力応答}}+\underbrace{\int_0^t Ce^{A(t-\tau)}bu(t)d\tau+du(t)}_{\text{零状態応答}} \qquad (8-30)$$

右辺の第1項は「零入力応答」といい、入力 $u(t)=0$ のときの出力応答になります。第2項と第3項は「零状態応答」といい、$x(0)=0$ のときの出力応答になります。

ここで、入力 $u(t)$ に単位インパルス $d(t)$ を加えたときの零状態応答を“**インパルス応答**”※注2といい、次式で表されます。

※注1：ベクトル表示については、第3章のコラム3－2「複素数」を参照。

※注2：単位インパルスと単位ステップ信号については、第4章を参照。

$$i(t)=Ce^{At}b+d\delta(t) \qquad (8-31)$$

　また、入力 $u(t)$ に単位ステップ信号 $u(t)=1$ を加えたときの零状態応答を“ステップ応答”といい、次式で表されます。

$$s(t)=\int_0^t e^T e^{A\tau} bd\tau+d=\int_0^t i(\tau)d\tau \qquad (8-32)$$

　少し複雑な式が続きました。それでは例題で、上の式を実際に使ってみましょう。

［例題８－３］

　次の状態方程式と出力方程式が与えられている。

$$\frac{d}{dt}\dot{x}=A\dot{x}+\begin{bmatrix}0\\1\end{bmatrix}u$$

$$y(t)=[1\quad 0]x$$

（１）$x(0)=\begin{bmatrix}1\\0\end{bmatrix}$ のときの零入力応答を求めなさい。

（２）インパルス応答 $i(t)$ を求めなさい。

（３）ステップ応答 $s(t)$ を求めなさい。

　ただし、

$$e^{At}=\begin{bmatrix}3e^{-2t}-2e^{-3t} & -6e^{-2t}+6e^{-3t}\\ e^{-2t}-e^{-3t} & -2e^{-2t}+3e^{-3t}\end{bmatrix}$$

とする。

［解答］

　最初に、与えられた式と一般形の式（８－27）と式（８－28）を比較して

$$b=\begin{bmatrix}0\\1\end{bmatrix}、c=[1\quad 0]、d=0$$

となります。

（１）零入力応答

　零入力応答は $y_0(t)$ とおいて式（８－30）から、

$$y_0(t)=Ce^{At}x(0)$$

となります。

　これに、上のＣと $x(0)=\begin{bmatrix}1\\0\end{bmatrix}$ を代入します。

$$y_0(t)=[1\quad 0]e^{At}\begin{bmatrix}1\\0\end{bmatrix}$$

さらに、$e^{At}=\begin{bmatrix}3e^{-2t}-2e^{-3t} & -6e^{-2t}+6e^{-3t}\\ e^{-2t}-e^{-3t} & -2e^{-2t}+3e^{-3t}\end{bmatrix}$を代入します。

$$y_0(0)=[1\quad 0]\begin{bmatrix}3e^{-2t}-2e^{-3t} & -6e^{-2t}+6e^{-3t}\\ e^{-2t}-e^{-3t} & -2e^{-2t}+3e^{-3t}\end{bmatrix}\begin{bmatrix}1\\0\end{bmatrix}$$

これを順に行列計算をしていきます。

$$[1\quad 0]\begin{bmatrix}3e^{-2t}-2e^{-3t} & -6e^{-2t}+6e^{-3t}\\ e^{-2t}-e^{-3t} & -2e^{-2t}+3e^{-3t}\end{bmatrix}=[3e^{-2t}-2e^{-3t}\quad e^{-2t}-e^{-3t}]$$

$$[3e^{-2t}-2e^{-3t}\quad e^{-2t}-e^{-3t}]\begin{bmatrix}1\\0\end{bmatrix}=3e^{-2t}-2e^{-3t}$$

したがって、零入力応答は、

$$y_0(t)=3e^{-2t}-2e^{-3t}$$

となります。

（2）インパルス応答

式（8 −31）に、上の e^{At}、b、C、d を代入します。

$$\begin{aligned}i(t)&=Ce^{At}b+d\delta(t)\\&=[1\quad 0]e^{At}\begin{bmatrix}0\\1\end{bmatrix}+0\cdot\delta(t)\\&=[1\quad 0]e^{At}\begin{bmatrix}0\\1\end{bmatrix}\\&=[1\quad 0]\begin{bmatrix}3e^{-2t}-2e^{-3t} & -6e^{-2t}+6e^{-3t}\\ e^{-2t}-e^{-3t} & -2e^{-2t}+3e^{-3t}\end{bmatrix}\begin{bmatrix}0\\1\end{bmatrix}\end{aligned}$$

同じように行列計算をします。

$$\begin{aligned}&=[3e^{-2t}-2e^{-3t}\quad e^{-2t}+e^{-3t}]\begin{bmatrix}0\\1\end{bmatrix}\\&=e^{-2t}+e^{-3t}\end{aligned}$$

したがって、インパルス応答は、

$$i(t)=e^{-2t}+e^{-3t}$$

となります。

（3）ステップ応答

式（8 −32）に、上で求めた $i(t)$ の $t=\tau$ とした $i(\tau)$ を代入し、積分の計算をします。

$$s(t)=\int_0^t i(\tau)d\tau$$

$$=\int_0^t (e^{-2\tau}-e^{-3\tau})d\tau$$

$$=\left[-\frac{1}{2}e^{-2\tau}+\frac{1}{3}e^{-3\tau}\right]_0^t$$

$$=\left(-\frac{1}{2}e^{-2\tau}+\frac{1}{3}e^{-3\tau}\right)-\left(\frac{1}{2}+\frac{1}{3}\right)$$

$$=-\frac{1}{2}e^{-2\tau}+\frac{1}{3}e^{-3\tau}+\frac{1}{6}$$

したがって、ステップ応答は、

$$s(t)=-\frac{1}{2}e^{-2\tau}+\frac{1}{3}e^{-3\tau}+\frac{1}{6}$$

となります。

ここで、各応答の出力波形を表示します。表計算ソフト*Excel*を使って、$t=0\sim5$の範囲で0.5きざみで計算し、波形表示します。

詳細は省きますが、それぞれの応答は図8－7のようになります。試してみてください。

零入力応答は入力が$u(t)=0$のときの出力応答です。例題の系では図のような応答になります。インパルス応答とステップ応答は各信号に対応した応答になっています。どちらも状態変数が$x(0)=0$のときの応答です。

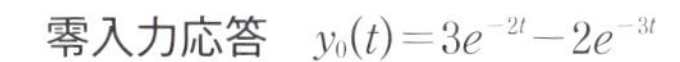
零入力応答　$y_0(t)=3e^{-2t}-2e^{-3t}$

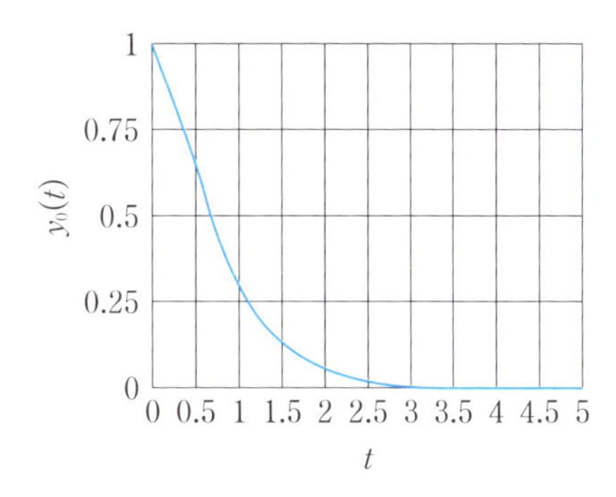

インパルス応答　$i(t)=e^{-2t}-e^{-3t}$

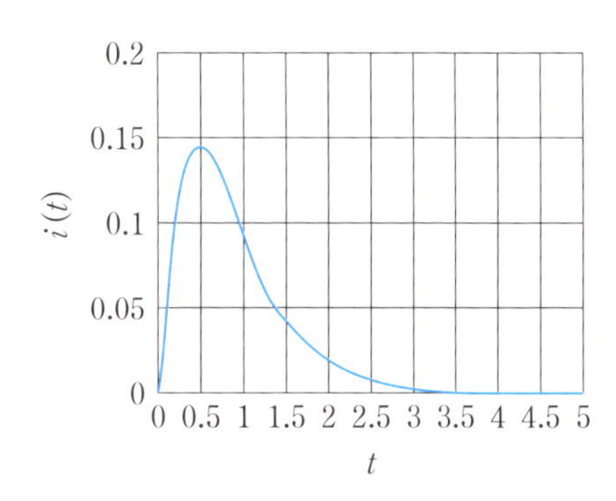

ステップ応答　$s(t)=-\frac{1}{2}e^{-2t}+\frac{1}{3}e^{-3t}+\frac{1}{6}$

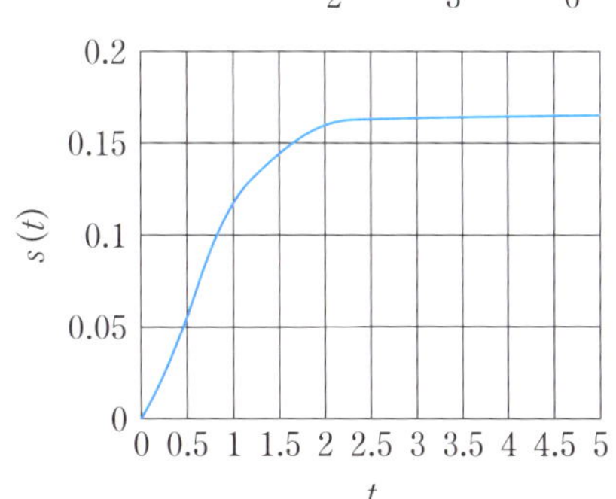

図8－7　**零入力応答、インパルス応答、ステップ応答の各波形**

答：（1）$y_0(t)=3e^{-2t}-2e^{-3t}$、（2）$i(t)=e^{-2t}+e^{-3t}$、

（３）$s(t)=-\frac{1}{2}e^{-2\tau}+\frac{1}{3}e^{-3\tau}+\frac{1}{6}$

[例題８−４]

次の状態方程式と出力方程式が与えられている。

$$\frac{d}{dt}\dot{x}=\begin{bmatrix}-2 & 0\\0 & -1\end{bmatrix}\dot{x}+\begin{bmatrix}1\\1\end{bmatrix}u$$

$$y(t)=[4 \quad -1]x$$

（１）インパルス応答 $i(t)$ を求めなさい。

（２）ステップ応答 $s(t)$ を求めなさい。

ただし、

$$e^{\begin{bmatrix}-2 & 0\\0 & -1\end{bmatrix}t}=\begin{bmatrix}e^{-2t} & 0\\0 & e^{-t}\end{bmatrix}$$

とする。

（３）それぞれの応答を関数電卓で計算し、方眼紙に波形をスケッチしなさい。ただし、計算は、$t=0$、0.5、１、1.5、３、５の６点とする。

[解答]

最初に、与えられた式と一般形の式（８−27）と式（８−28）を比較して A、b、C、d の値を得ます。

$$A=\begin{bmatrix}-2 & 0\\0 & -1\end{bmatrix}、b=\begin{bmatrix}1\\1\end{bmatrix}、C=[4 \quad -1]、d=0$$

（１）インパルス応答

インパルス応答の式（８−31）に A、b、C、d の値と与えられた e^{At} の値を代入します。

$$i(t)=Ce^{At}b+d\delta(t)$$

$$=[4 \quad -1]e^{\begin{bmatrix}-2 & 0\\0 & -1\end{bmatrix}t}\begin{bmatrix}1\\1\end{bmatrix}+0\cdot\delta(t)$$

$$=[4 \quad -1]e^{\begin{bmatrix}-2 & 0\\0 & -1\end{bmatrix}t}\begin{bmatrix}1\\1\end{bmatrix}$$

$$=[4 \quad -1]e\begin{bmatrix}e^{-2t} & 0\\0 & e^{-t}\end{bmatrix}\begin{bmatrix}1\\1\end{bmatrix}$$

行列計算をします。

$$i(t)=[4e^{-2t} \quad -e^{-t}]\begin{bmatrix}1\\1\end{bmatrix}$$

$$=4e^{-2t} \quad -e^{-t}$$

したがって、インパルス応答は、

$$i(t)=4e^{-2t} \quad -e^{-t}$$

となります。

（2）ステップ応答

ステップ応答の式（8－32）に、上で求めた$i(t)$の$t=\tau$とした$i(\tau)$を代入し、積分の計算をします。

$$s(t)=\int_0^t i(\tau)d\tau$$

$$=\int_0^t (4e^{-2\tau}-e^{-\tau})d\tau$$

$$=[-2e^{-2\tau}+e^{-\tau}]_0^t$$

$$=(-2e^{-2t}+e^{-t})-(-2+1)$$

$$=-2e^{-2t}+e^{-t}+1$$

したがって、ステップ応答は、

$$s(t)=-2e^{-2t}-e^{-t}+1$$

となります。

（3）各応答のグラフ作成

関数電卓には指数関数の機能が備わっています。

ここでは関数電卓F−789SG（写真8－1、図8－8））を使用します。関数キーの[*Shift*]キーを押してから[*ln*]キーを押すと、[*ln*]キーの上に表記された関数e^xが使えるようになります。

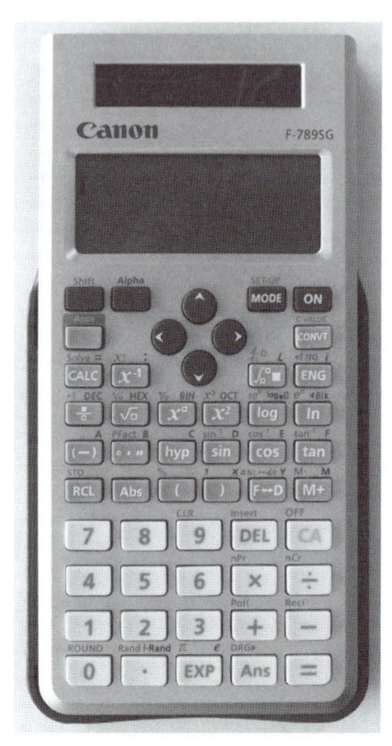

写真８－１ 関数電卓 F-789SG（キャノン）

図８－８ F-789SG の関数キー

インパルス応答の $t=1$ の場合の計算例です。

$$i(t)=4e^{-2t}-e^{-t}=\frac{4}{e^{2}}-\frac{1}{e^{1}}=\frac{4}{7.389}-\frac{1}{2.718}$$

$$=0.541-0.368=0.173$$

このようにして各6点の計算をしていきます。ステップ応答の場合の計算も同じように行います（$t=0\sim5$ の範囲で題意の6点で計算）。図8－9のような応答波形が得られます。

インパルス応答　$i(t)=4e^{-2t}-e^{-t}$

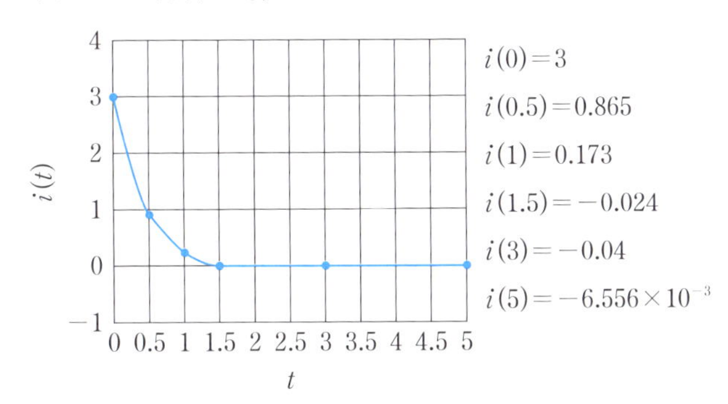

ステップ応答　$s(t)=-2e^{-2t}+e^{-t}+1$

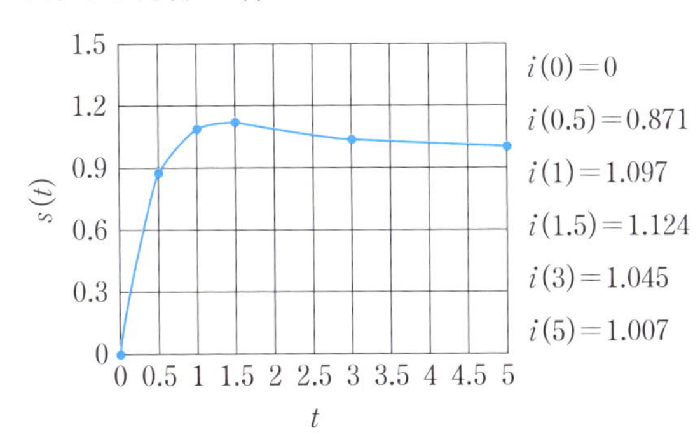

図8－9　インパルス応答とステップ応答の計算値と各応答波形

答：（1）$i(t)=4e^{-2t}-e^{-t}$、（2）$s(t)=-2e^{-2t}-e^{-t}+1$、（3）図8－9

重要項目

◇状態変数表現

伝達要素をブラックボックスとして1入力1出力を扱う伝達関数表現ではなく、制御系の内部状態に着目してその状態がどのように推移していくのかを見る方法をいいます。具体的には、微分方程式である状態方程式と出力方程式を扱います。

◇状態変数線図

制御系の入出力の関係を積分要素と定数を用いて図的に表現したものです。積分要素は右向きの三角形の中に積分記号$\int$を記入し、定数は四角の箱の中に数字や定数を記入します。状態変数線図は、状態方程式と出力方程式を合わせて扱います。

◇状態方程式の解

状態方程式と出力方程式の一般形を

$$\frac{d}{dt}\dot{x} = A\dot{x} + bu$$

$$y = C\dot{x} + du$$

としたとき、状態変数の初期値 $x(0)$ や入力 $u(t)$ が与えられればそれに対応した出力応答 $y(t)$ を求めることができます。

$u(t) = 0$ のときの出力応答を零入力応答といいます。また、$x(0) = 0$ のときの出力応答を零状態応答といいます。入力 $u(t)$ に単位インパルスを用いたときの応答をインパルス応答といい、単位ステップ信号を用いたときの応答をステップ応答といいます。

コラム8－1　行列

行列について説明します。行列とは、ある集合の元が行と列に長方形状に並んだ配列をいいます。元のことを行列の成分といいます。行列の横並びを行、たて並びを列といいます。m 行 n 列からなる行列を $m \times n$ 行列といいます。$m \times n$ を次数といいます。$m \times n$ 行列は次のような角括弧（ブラケット）を使って書きます。丸括弧（パーレン）を使うこともあります。

$$A = \begin{bmatrix} a_{11} & a_{12} & \cdots & a_{1n} \\ a_{21} & a_{22} & \cdots & a_{2n} \\ \cdot & \cdot & & \cdot \\ \cdot & \cdot & & \cdot \\ \cdot & \cdot & & \cdot \\ a_{m1} & a_{m2} & \cdots & a_{mn} \end{bmatrix}$$

この行列を単に

$$A = [a_{mm}]$$

と書くこともできます。

以下に、行列式の計算例を示します。

（1）$\begin{bmatrix} 2 & 3 \\ 1 & 4 \end{bmatrix} = 5$

この行列は2行2列です。計算手順は、↙方向の積はマイナス（－）で、↘方向の積はプラス（＋）です。“たすきがけ"の計算をします。

↙方向の積 → $-(3 \times 1) = -3$

↘方向の積 → $2 \times 4 = 8$

したがって、

$$\begin{bmatrix} 2 & 3 \\ 1 & 4 \end{bmatrix} = 8 - 3 = 5$$

となります。

（2）$\begin{bmatrix} 1 & 2 \\ 3 & 4 \end{bmatrix} + \begin{bmatrix} 5 & 6 \\ 7 & 8 \end{bmatrix} = \begin{bmatrix} 6 & 8 \\ 10 & 12 \end{bmatrix}$

行列の足し算です。対応している成分どうしを足し算します。

すなわち、

$$\begin{bmatrix}1 & 2\\3 & 4\end{bmatrix}+\begin{bmatrix}5 & 6\\7 & 8\end{bmatrix}=\begin{bmatrix}1+5 & 2+6\\3+7 & 4+8\end{bmatrix}$$

です。

ここで、以下に示すように、2つの行列の形が同じでない行列の足し算はできません。

$$\begin{bmatrix}1\\2\end{bmatrix}+\begin{bmatrix}3 & 4\end{bmatrix} \qquad \times$$

$$\begin{bmatrix}1 & 2\\3 & 4\end{bmatrix}+\begin{bmatrix}1 & 2 & 3\\4 & 5 & 6\\7 & 8 & 9\end{bmatrix} \qquad \times$$

（3） $\begin{bmatrix}\mathbf{5} & \mathbf{6}\\\mathbf{7} & \mathbf{8}\end{bmatrix}-\begin{bmatrix}\mathbf{1} & \mathbf{2}\\\mathbf{3} & \mathbf{4}\end{bmatrix}=\begin{bmatrix}\mathbf{4} & \mathbf{4}\\\mathbf{4} & \mathbf{4}\end{bmatrix}$

行列の引き算です。対応している成分どうしを引き算します。

すなわち、

$$\begin{bmatrix}5 & 6\\7 & 8\end{bmatrix}-\begin{bmatrix}1 & 2\\3 & 4\end{bmatrix}=\begin{bmatrix}5-1 & 6-2\\7-3 & 8-4\end{bmatrix}$$

です。

引き算の場合も2つの行列の形が同じでない行列の引き算はできません。

（4） $\mathbf{2}\times\begin{bmatrix}\mathbf{1} & \mathbf{2}\\\mathbf{3} & \mathbf{4}\end{bmatrix}=\begin{bmatrix}\mathbf{2} & \mathbf{4}\\\mathbf{6} & \mathbf{8}\end{bmatrix}$

行列の定数倍は各成分を定数倍します。

すなわち、

$$2\times\begin{bmatrix}1 & 2\\3 & 4\end{bmatrix}=\begin{bmatrix}2\times1 & 2\times2\\2\times3 & 2\times4\end{bmatrix}$$

です。

（5） $\dfrac{\begin{bmatrix}2 & 4\\6 & 8\end{bmatrix}}{2}=\begin{bmatrix}1 & 2\\3 & 4\end{bmatrix}$

行列を定数で割るときは各成分を定数で割ります。

すなわち、

$$\frac{\begin{bmatrix}2 & 4\\6 & 8\end{bmatrix}}{2}=\begin{bmatrix}\frac{2}{2} & \frac{4}{2}\\\frac{6}{2} & \frac{8}{2}\end{bmatrix}$$

です。

（6）$\begin{bmatrix} 1 & 2 \\ 3 & 4 \end{bmatrix} \times \begin{bmatrix} 5 & 6 \\ 7 & 8 \end{bmatrix} = \begin{bmatrix} 19 & 22 \\ 43 & 50 \end{bmatrix}$

行列の掛け算は、左側の行列の行と右側の行列の列の成分をそれぞれ掛け算してから合計します。

すなわち、

$$\begin{bmatrix} 1 & 2 \\ 3 & 4 \end{bmatrix} \times \begin{bmatrix} 5 & 6 \\ 7 & 8 \end{bmatrix} = \begin{bmatrix} 1\times5+2\times7 & 1\times6+2\times8 \\ 3\times5+4\times7 & 3\times6+4\times8 \end{bmatrix}$$

$$= \begin{bmatrix} 19 & 22 \\ 43 & 50 \end{bmatrix}$$

です。

ここで、以下に示すように、左側の行列の列の個数と右側の行列の行の個数が異なる行列の掛け算はできません。

$$\begin{bmatrix} 1 & 2 \\ 3 & 4 \end{bmatrix} + \begin{bmatrix} 5 & 6 \end{bmatrix} \qquad \times$$

$$\begin{bmatrix} 1 & 2 \\ 3 & 4 \end{bmatrix} \times \begin{bmatrix} 1 & 2 & 3 \\ 4 & 5 & 6 \\ 7 & 8 & 9 \end{bmatrix} \qquad \times$$

次の行列の掛け算はできます。

$$\begin{bmatrix} 1 & 2 \end{bmatrix} \times \begin{bmatrix} 3 & 5 \\ 4 & 6 \end{bmatrix} = \begin{bmatrix} 1\times3+2\times5 & 1\times4+2\times6 \end{bmatrix}$$

$$= \begin{bmatrix} 13 & 16 \end{bmatrix}$$

$$\begin{bmatrix} 1 & 2 \\ 3 & 4 \end{bmatrix} \times \begin{bmatrix} 5 \\ 6 \end{bmatrix} = \begin{bmatrix} 1\times5+2\times6 \\ 3\times5+4\times6 \end{bmatrix}$$

$$= \begin{bmatrix} 17 \\ 39 \end{bmatrix}$$

$$\begin{bmatrix} 1 & 2 \end{bmatrix} \times \begin{bmatrix} 3 \\ 4 \end{bmatrix} = \begin{bmatrix} 1\times3+2\times4 \end{bmatrix}$$

$$= \begin{bmatrix} 11 \end{bmatrix}$$

第 9 章
根軌跡法

特性方程式の根が複素平面（S 平面）の左半平面にあるかどうかで制御系の安定判別をしてきましたが、根軌跡とは、制御系のゲインや時定数などのパラメータを連続的に変化させたときに特性方程式の根がどのように動くのかを調べ、系の安定判別と安定限界を知る方法です。“根の動き”、すなわち“根の軌跡”を調べる方法です。本章では根軌跡の作図法について例題を多く用いて説明します。

9−1 根軌跡法の図的手法

第6章で説明したナイキストの安定判別法は、フィードバック制御系の根が複素平面の左半平面にあるかどうかに着目しました。しかし、特性方程式の根のみに限定した場合には、限られた情報しか得られず、実際の設計ではより多くの情報が必要になります。例えば、ゲインを変化させた場合に、どのように特性が変化し、何倍のゲインで系が不安定になるのか、あるいは安定を維持するためにはゲインは何倍が限度であるのか、……といった情報が必要になります。

このような要望に答える有力な手法の1つが**根軌跡法**（*root locus method*）といわれるものです。

根軌跡法は実際には複雑で、方程式の解を簡単には求めることはできません。多くはプログラムを作成して計算機を使用して解を求めています。本章では、根軌跡法の考え方の基本になっている**エバンス**（*W.R.Evans*）の**図的手法**について説明します。

エバンスは、特性方程式を直接解かないで、特性根を一巡伝達関数から図的に求める方法を提案しました。

図9−1を見てください。

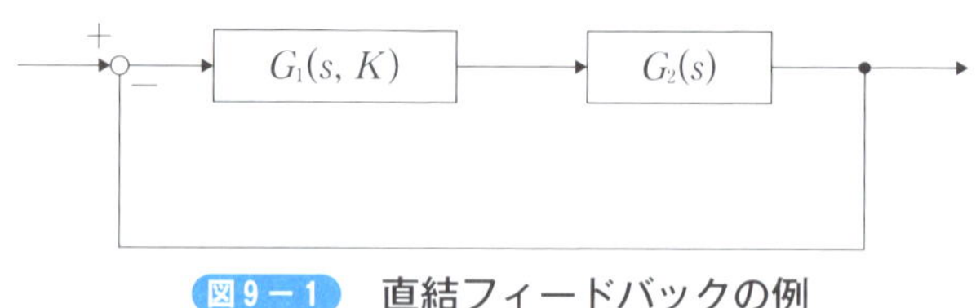

図9−1 直結フィードバックの例

直結フィードバックの例で、実際的には伝達関数 $G_1(s、K)$ は制御装置（制御要素で補償器、調整器など）に相当し、$G_2(s)$ は制御対象（プラント）に相当します。K はゲインや時定数などのパラメータで可変します。

閉ループ伝達関数は、

$$W(s, K)=\frac{G_1(s, K)G_2(s)}{1+G_1(s, K)G_2(s)}$$

となります。

これの一巡伝達関数は、

$$G_1(s, K)G_2(s)$$

です。

根軌跡法とは、K を変化させながら $G_1(s、K)\ G_2(s)$ の極がどのように動くのか、どのような軌跡を描くのかを調べる方法です。すなわち、軌跡を図的に求める方法です。

根軌跡法の手順は次のようになります。これは根軌跡の性質そのものに相当します。

（1）根軌跡は複素平面上に描かれる。

（2）根軌跡は系の一巡伝達関数 $G(s)H(s)$ の**極**から出発し、**ゼロ点**および**無限遠点**に到達する。軌跡の数は極の数に等しい。

（3）根軌跡は実軸に対して対象である。

（4）$G(s)H(s)$ の極とゼロ点がすべて実軸上にあるとき、実軸上の根軌跡は極とゼロ点で分割される区間のうち、右側から奇数番目のものである。例えば、実軸を σ、虚数軸（または虚軸）を $j\omega$、極を × 印、ゼロ点を○印として表せば、図9－2のようになる。

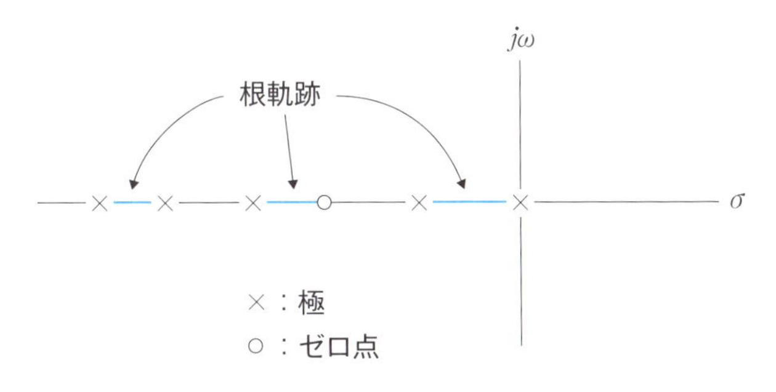

図9－2　実軸上の根軌跡

（5）無限遠点に至る根軌跡の漸近線は次式から得られる。

漸近線と実軸との交点を σ_c とすると、

$$\sigma_c = \frac{1}{n-m}\left(\sum_{i=1}^{n} P_i - \sum_{j=1}^{m} Z_j\right) \quad (9-1)$$

となる。ここで n は極の数で、m はゼロ点の数とする。漸近線の傾き（偏角）は、

$$\omega = \frac{2\lambda+1}{n-m}\pi \quad (9-2)$$

$(\lambda = 0, 1, 2, \cdots)$

または、

$$\omega = \frac{k\pi}{n-m}(\sigma - \sigma_c) = \frac{k\pi}{3}(\sigma + 2)$$

$(k = \pm 1、\pm 3、\cdots)$

となる。

（6）根軌跡の実軸からの分岐点、または根軌跡が実軸に入る点をS_bとすると、

$$\sum_{i=1}^{n} \frac{1}{S_b - P_i} = \sum_{j=1}^{m} \frac{1}{S_b - Z_j} \qquad (9-3)$$

が成り立つ。なお、S_bでは特性根は重根になる。

（7）根軌跡と虚軸との交点S_aは、ラウスの安定判別法またはフルピッツの安定判別法の安定限界条件より求める。

以上が根軌跡法の手順です。この手順に従って、実際に根の軌跡を描いていきます。根軌跡が、複素平面の左半平面にあれば系は安定です。

式（9−1）、式（9−2）、式（9−3）の具体的な使い方については次節で説明します。

9－2 根軌跡の作図法

それでは実際に、次の例で根軌跡の作図法を練習してみましょう。

フィードバック制御系の特性方程式 $1+G(s)H(s)=0$ における一巡伝達関数が次式で与えられているとします。これの根軌跡を作図します。

$$G(s)H(s)=\frac{K}{s(s+1)(s+5)}$$

ここで、K は制御装置のゲイン定数とします。ここで、途中の計算の過程で出てくる、S_b についての２次方程式（$3S_b^2+12S_b+5=0$）の解と、S_a についての多項式（$S_a^3+6S_a^2+5S_a+30=0$）の解をそれぞれ $S_b=-3.53$、-0.47、$S_a=\sqrt{5}\,j$、$-\sqrt{5}\,j$ とします。

◇ステップ１

与えられた $G(s)H(s)$ の極は式の分母から、

$P_1=0$、$P_2=-1$、$P_3=-5$

の３個になります。分母 $s(s+1)(s+5)=0$ とおいた s の値をそれぞれ P_1、P_2、P_3 としています。ゼロ点は式の分子に s の項がないので $z=0$ とします。

ここで、一巡伝達関数 $G(s)H(s)$ の分母を０とおいて求められる s の値を極 P、分子を０とおいて求められる s の値をゼロ点 Z と覚えておいてください。

すなわち、極の数とゼロ点の数はそれぞれ $n=3$、$m=0$ になります。$n=3$ から軌跡の数は３つになります。

３つの極を複素平面にプロットします。軌跡が存在するのは手順（４）から奇数番目の青線部分になります。図９－３のように作図します。

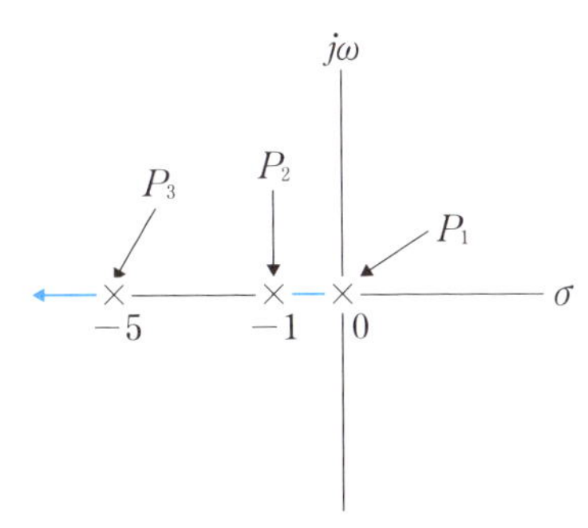

図９－３ 実軸上の根軌跡（$P_1=0$、$P_2=-1$、$P_3=-5$）

◇ステップ 2

根軌跡の漸近線の実軸との交点 σ_c と偏角 ω を計算します。

式（9 − 1）から、

$$\sigma_c = \frac{1}{n-m}\left(\sum_{i=1}^{n} P_i - \sum_{j=1}^{m} Z_j\right)$$

$$= \frac{1}{3-0}\left(\sum_{i=1}^{3} P_i - 0\right)$$

$$= \frac{1}{3}(P_1 + P_2 + P_3)$$

$$= \frac{1}{3}\{0 + (-1) + (-5)\}$$

$$= -2$$

となります。

式（9 − 2）から、

$$\omega = \frac{2\lambda+1}{n-m}\pi$$

$$= \frac{2\lambda+1}{3-0} \quad (\lambda = 0, 1, 2, \cdots)$$

$$= \frac{1}{3}\pi, \frac{3}{3}\pi, \frac{5}{3}\pi, \cdots$$

$(=60^\circ$、180°、300°、$\cdots)$

となります。

したがって、根軌跡の漸近線は実軸との交点 $\sigma_c = -2$ より 3 本が出ることになり、それぞれ実軸とのなす角は $\frac{1}{3}\pi$、π、$\frac{5}{3}\pi$ になります。

漸近線を図示すると、図 9 − 4 のようになります。式（9 − 2）から求められる λ= 3 の場合の偏角 $\frac{7}{3}\pi$ は $2\pi + \frac{\pi}{3}$ であることから、図 9 − 4 のように左回りの回転で考えれば 1 回転して $\frac{\pi}{3}$ の位置に等しくなります。λ= 4 、5 、…の場合も漸近線は同様の位置になります。

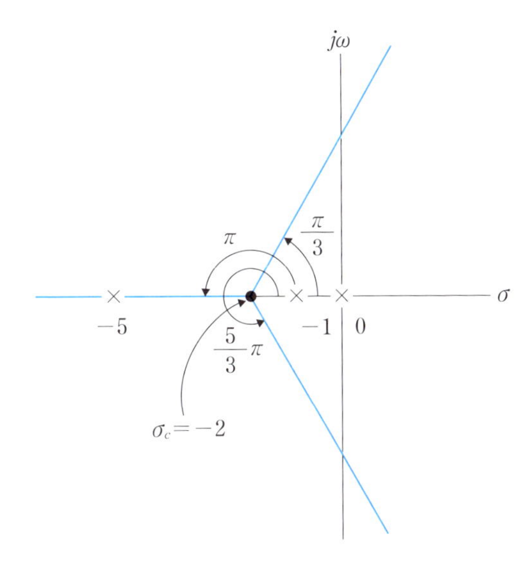

図9－4　根軌跡の漸近線

◇ステップ3

根軌跡の実軸からの分岐点 S_b を計算します。

式（9－3）から、

$$\sum_{i=1}^{n}\frac{1}{S_b-P_i}=\sum_{j=1}^{m}\frac{1}{S_b-Z_j}$$

$$\sum_{i=1}^{3}\frac{1}{S_b-P_i}=0$$

$$\frac{1}{S_b-0}+\frac{1}{S_b-(-1)}+\frac{1}{S_b-(-5)}=0$$

$$\frac{1}{S_b-0}+\frac{1}{S_b+1}+\frac{1}{S_b+5}=0$$

となります。上の式で右辺はゼロ点がないので0とします。

この式を通分します。

$$\frac{(S_b+1)(S_b+5)+(S_b-0)(S_b+5)+(S_b-0)(S_b+1)}{(S_b-0)(S_b+1)(S_b+5)}=0$$

$$\frac{3S_b^2+12S_b+5}{(S_b-0)(S_b+1)(S_b+5)}=0$$

これから分子は、

$$3S_b^2+12S_b+5=0$$

となります。これの解はすでに与えています。$S_b=-3.53$、-0.47です。ただし、根軌跡の分岐点としてS_bの取り得る値は、図９－３の実軸上の根軌跡（実軸上の－１と－５の間には根軌跡は存在しない）と図９－４の漸近線から$S_b=-0.47$になります。

さらに、$S_b=-0.47$のときのKの値を特性方程式$1+G(s)H(s)=0$から求めてみます。

$$1+\frac{K}{S_b(S_b+1)(S_b+5)}=0$$

$$\frac{S_b(S_b+1)(S_b+5)+K}{S_b(S_b+1)(S_b+5)}=0$$

ここで、$S_b(S_b+1)(S_b+5)+K=0$とおいて、$S_b=-0.47$を代入します。

$$\begin{aligned}K&=-S_b(S_b+1)(S_b+5)\\&=-(-0.47)(-0.47+1)(-0.47+5)\\&=1.13\end{aligned}$$

分岐点における$K=1.13$の値が求まりました。

◇ステップ４

根軌跡と虚軸との交点S_aをラウスの安定判別法から求めます。ラウスの安定判別法については付録Ⅱを参照してください。ここでは**ラウス表**（**ラウス数列**）を機械的に作成します。

特性方程式$1+G(s)H(s)=0$とおいて、$s=S_a$として次の特性多項式を得ます。

$$S_a(S_a+1)(S_a+5)+K=0$$

これを書き直して、

$$S_a^3+6S_a^2+5S_a+K=0$$

となります。

この多項式からラウス表を作成します。

S_a^3	1	5
S_a^2	6	K
S_a^1	$5-\frac{K}{6}$	
S_a^0	K	

これより安定条件は、

$$K>0$$

$$5-\frac{K}{6}>0 \Rightarrow K<30$$

から $0<K<30$ となり、安定限界として $K=30$ が得られます。

$K=30$ を上の特性方程式に代入して S_a について解きます。

$$S_a^3+6S_a^2+5S_a+30=0$$

これの解もすでに与えられています。

$$S_a=\sqrt{5}j、-\sqrt{5}j$$

この点は複素平面の虚軸上になります。先ほどの $S_b=-0.47$ と $S_a=\sqrt{5}j$、$-\sqrt{5}j$ を図9－4にプロットすると図9－5のようになります。

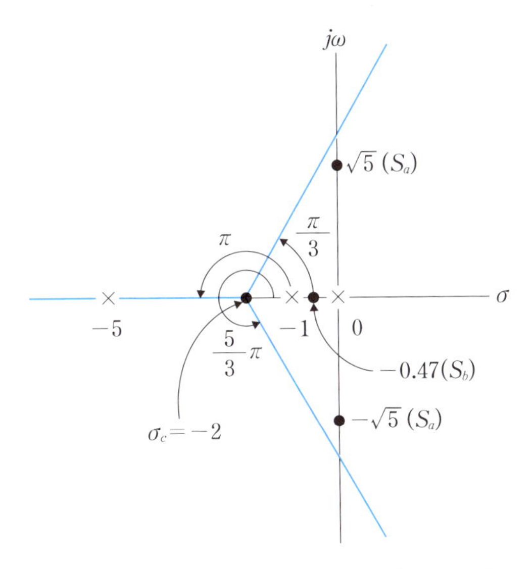

図9－5　S_a と S_b を図9－4にプロットする

以上のステップ1～4の結果を総合すると、根軌跡は図9－6のように作図することができます。

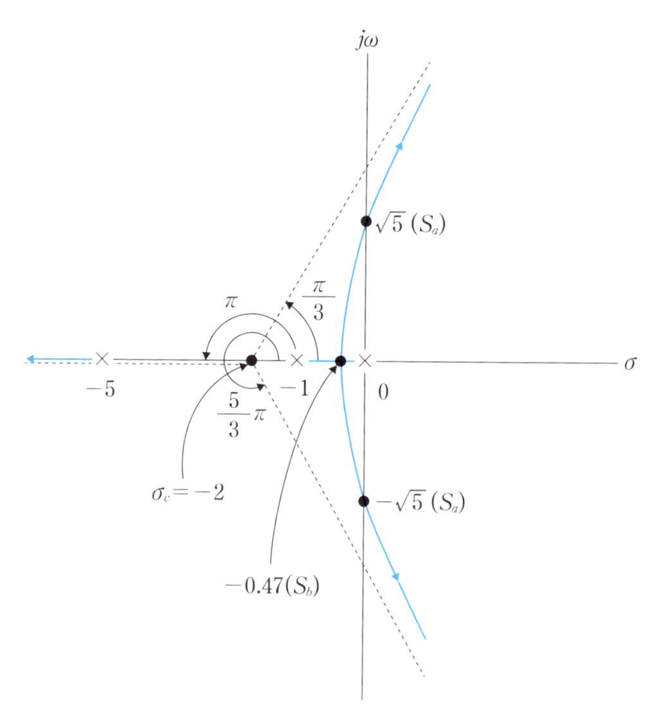

図 9 − 6　根軌跡を作図する

すなわち、根軌跡は P_1＝ 0 、P_2＝ − 1 の双方から出発し、S_b＝ −0.47で 2 つに分岐し、虚軸上の $S_b=\sqrt{5}j, -\sqrt{5}j$ を通過して無限遠点に到達します。また、P_1＝ − 5 から出発した根軌跡は実軸上負の無限遠点に到達します。根軌跡の数は 3 つです。

ここで、第 6 章の特性方程式のところで説明した、「系が安定であるためには、すべての特性根は複素平面の左半平面（*LHP*）になければならない」ということを思い出してください。図 9 − 6 の根軌跡を見ると、安定限界である $S_b=\sqrt{5}j, -\sqrt{5}j$ を超えると根は複素平面の右半平面に入ってしまいます。

したがって、系の安定を維持するためにはゲイン定数 K の範囲は $K<30$ でなければなりません。

以上のようにして根軌跡を作図します。少し厄介なところもありますが、手順に馴れてしまえば機械的に作図することができます。

さっそく、上のステップ 1 ～ 4 にならって、次の例題に挑戦してみてください。

[例題9－1]

フィードバック制御系の特性方程式 $1+G(s)H(s)=0$ における一巡伝達関数が次式で与えられている。K は制御装置のゲイン定数とする。これの根軌跡を作図しなさい。

$$G(s)H(s)=\frac{2K}{s(s+1)(s+2)}$$

ただし、S_b についての2次方程式

$3S_b^2+6S_b+2=0$

の解を $S_b=-1.577$、-0.423、S_a についての多項式 $S_a^3+3S_a^2+2S_a+6=0$ の解を $S_a=\pm\sqrt{2}j$ とする。

[解答]

◇ステップ1

与えられた $G(s)H(s)$ の極は式の分母から、

$P_1=0$、$P_2=-1$、$P_3=-2$

の3個です。ゼロ点は式の分子に s の項がないので $Z=0$ です。すなわち、極とゼロ点の数は $n=3$、$m=0$ になります。

3つの極を複素平面にプロットします（図9－7）。軌跡が存在するのは手順（4）から奇数番目の青線部分になります。

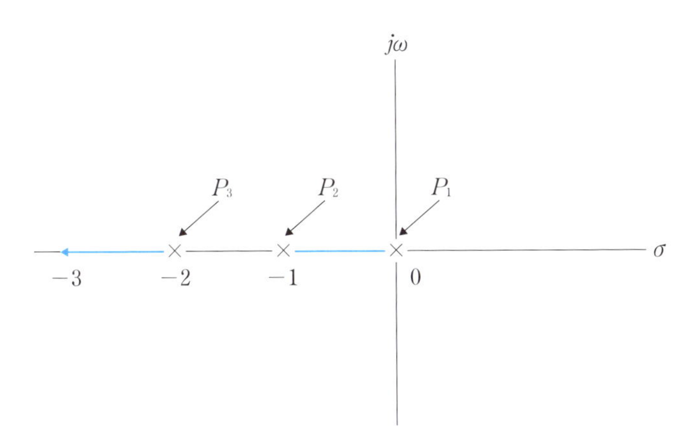

図9－7　**実軸上の根軌跡**（$P_1=0$、$P_2=-1$、$P_3=-2$）

◇ステップ2

根軌跡の漸近線の実軸との交点 σ_c と偏角 ω を計算します。

式（9 − 1）から、

$$\sigma_c = \frac{1}{n-m}\left(\sum_{i=1}^{n} P_i - \sum_{j=1}^{m} Z_j\right)$$

$$= \frac{1}{3-0}\left(\sum_{i=1}^{3} P_i - 0\right)$$

$$= \frac{1}{3}\sum_{i=1}^{3} P_i$$

$$= \frac{1}{3}(P_1 + P_2 + P_3)$$

$$= \frac{1}{3}\{0 + (-1) + (-2)\}$$

$$= -1$$

となります。

式（9 − 2）から、

$$\omega = \frac{2\lambda+1}{n-m}\pi$$

$$= \frac{2\lambda+1}{3-0} \quad (\lambda = 0, 1, 2, \cdots)$$

$$= \frac{1}{3}\pi, \frac{3}{3}\pi, \frac{5}{3}\pi, \cdots$$

$$(=60°、180°、300°、\cdots)$$

となります。

したがって、根軌跡の漸近線は実軸との交点 $\sigma_c = -1$ より 3 本が出ます。それぞれ実軸とのなす角は $1/3\pi$、π、 $5/3\pi$ です。

漸近線を図示すると、図 9 − 8 のようになります。

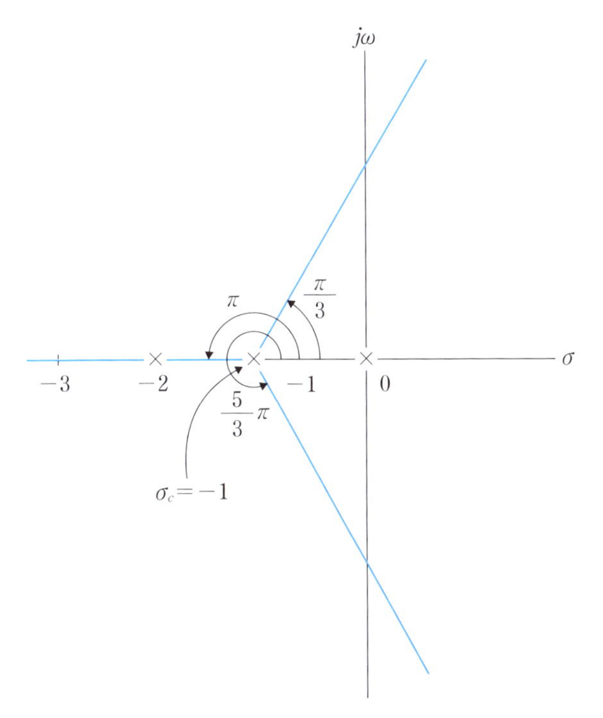

図9－8　根軌跡の漸近線

◇ステップ3

根軌跡の実軸からの分岐点 S_b を計算します。

式（9－3）から、

$$\sum_{i=1}^{n}\frac{1}{S_b-P_i}=\sum_{j=1}^{m}\frac{1}{S_b-Z_i}$$

$$\sum_{i=1}^{3}\frac{1}{S_b-P_i}=0$$

$$\frac{1}{S_b-0}+\frac{1}{S_b-(-1)}+\frac{1}{S_b-(-2)}=0$$

$$\frac{1}{S_b-0}+\frac{1}{S_b+1}+\frac{1}{S_b+2}=0$$

となります。右辺はゼロ点がないので0です。

この式を通分します。

$$\frac{(S_b+1)(S_b+2)+(S_b-0)(S_b+2)+(S_b-0)(S_b+1)}{(S_b-0)(S_b+1)(S_b+2)}=0$$

$$\frac{3S_b^2+6S_b+2}{(S_b-0)(S_b+1)(S_b+2)}=0$$

これから分子は、

$$3S_b^2+6S_b+2=0$$

となります。題意からこれの解はすでに与えられており、$S_b=-1.577$、-0.423 です。ただし、根軌跡の分岐点として S_b の取り得る値は、図 9 − 7 の実軸上の根軌跡と図 9 − 8 の漸近線から $S_b=-0.423$になります。

$S_b=-0.423$のときの K の値を特性方程式 $1+G(s)H(s)=0$ から求めます。

$$1+\frac{2K}{S_b(S_b+1)(S_b+2)}=0$$

$$\frac{S_b(S_b+1)(S_b+2)+2K}{S_b(S_b+1)(S_b+2)}=0$$

ここで、$S_b(S_b+1)(S_b+2)+2K=0$ とおいて、$S_b=-0.423$を代入します。

$$K=\frac{-S_b(S_b+1)(S_b+2)}{2}$$

$$=\frac{-(-0.423)(-0.423+1)(-0.423+2)}{2}$$

$$=0.192$$

分岐点における $K=0.192$の値が求まります。

◇ステップ 4

根軌跡と虚軸との交点 S_b をラウスの安定判別法から求めます。ラウス表を作成します。

特性方程式 $1+G(s)H(s)=0$ から、$s=S_a$ として次の特性多項式を得ます。

$$S_a(S_a+1)(S_a+2)+2K=0$$

$$S_a^3+3S_a^2+2S_a+2K=0$$

下の多項式からラウス表を作成します。

S_a^3	1	2
S_a^2	3	$2K$
S_a^1	$2-\frac{2K}{3}$	
S_a^0	$2K$	

これより安定条件は、

$K>0$

$2-\dfrac{2K}{3}>0 \Rightarrow K<3$

から $0<K<3$ となり、安定限界 $K=3$ が得られます。

$K=3$ を上の特性方程式に代入して S_b について解きます。

$S_a^3+3S_a^2+2S_a+6=0$

これの解もすでに与えられています。

$Sa=\pm\sqrt{2}\,j$

この点は複素平面の虚軸上になります。

以上のステップ1～4の結果を総合すると、根軌跡は図9－9のように作図できます。

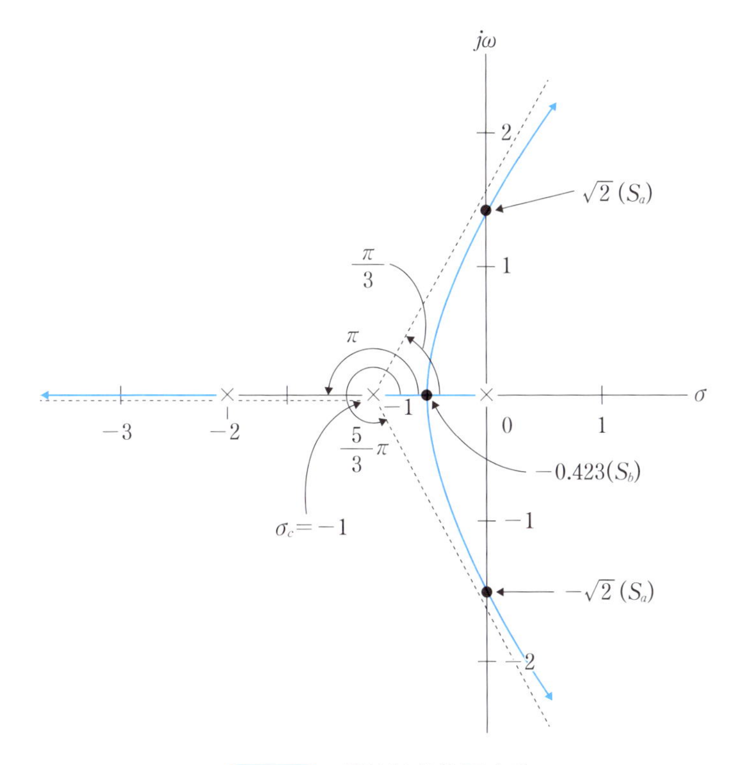

図9－9　根軌跡を作図する

すなわち、根軌跡は $P_1=0$、$P_2=-1$ の双方から出発し、$S_b=-0.423$ で2つに分岐し、虚軸上の $S_a=\pm\sqrt{2}j$ を通過して無限遠点に到達します。また、$P_2=-2$ から出発した根軌跡は実軸上負の無限遠点に到達します。軌跡の数は3つです。

根軌跡を見ると、安定限界である $S_b=\pm\sqrt{2}j$ を超えると不安定になります。系の安定を維持するためにはゲイン定数 K は $K<3$ でなければなりません。

答：図9－9

[例題9－2]

フィードバック制御系の特性方程式 $1+G(s)H(s)=0$ における一巡伝達関数が次式で与えられている。K は制御装置のゲイン定数とする。これの根軌跡を作図しなさい。

$$G(s)H(s)=\frac{K(s+1)}{s(s+2)(s^2+2s+2)}$$

ただし、分母の (s^2+2s+2) の項の因数分解は、

$$\{s-(-1+j)\}\{s-(-1-j)\}$$

とする。

また、S_a についての多項式

$$S_a^2+\frac{4\sqrt{5}}{5-\sqrt{5}}=0$$

の解を $S_a=\pm1.79j$ とする。

[解答]

◇ステップ1

与えられた $G(s)H(s)$ の極は式の分母から、

$P_1=0$、$P_2=-2$、$P_3=-1+j$、$P_4=-1-j$

の4個です。$P_3=-1+j$、$P_4=-1-j$ のような複素数の根を**複素根**といいます。

ゼロ点は式の分子 $(s+1)$ から、

$Z_1=-1$

です。すなわち、極とゼロ点の数は $n=4$、$m=1$ になります。根軌跡の数は極の数 $(n=4)$ から4つです。

4つの極を複素平面にプロットします（図9－10）。実軸上で根軌跡が存在するのは奇数番目の青線部分になります。

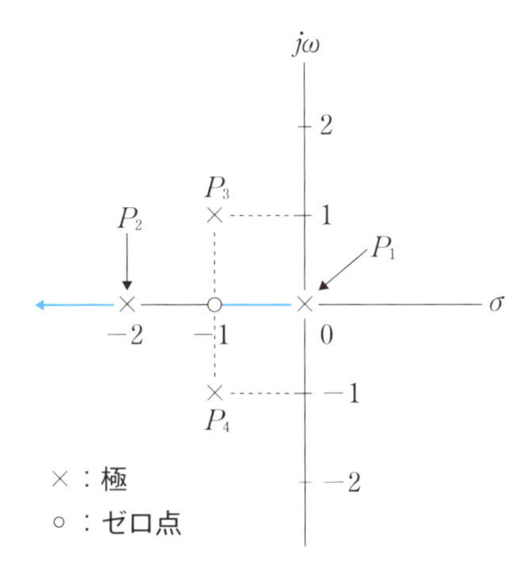

図9－10　実軸上の根軌跡
（$P_1=0$、$P_2=-2$、$P_3=-1+j$、$P_4=-1-j$、$Z_1=-1$）

◇ステップ2

根軌跡の漸近線の実軸との交点 σ_c と偏角 ω を計算します。

式（9－1）から、

$$\sigma_c=\frac{1}{n-m}\left(\sum_{i=1}^{n}P_i-\sum_{j=1}^{m}Z_j\right)$$

$$=\frac{1}{4-1}\left(\sum_{i=1}^{4}P_i-\sum_{j=1}^{1}Z_j\right)$$

$$=\frac{1}{3}(P_1+P_2+P_3+P_4-Z_1)$$

$$=\frac{1}{3}\{0+(-2)+(-1+j)+(-1-j)-(-1)\}$$

$$=-1$$

となります。

式（9－2）から、

$$\omega=\frac{2\lambda+1}{n-m}\pi$$

$$=\frac{2\lambda+1}{4-1}\quad(\lambda=0,\ 1,\ 2,\ \cdots)$$

$$=\frac{1}{3}\pi,\ \frac{3}{3}\pi,\ \frac{5}{3}\pi,\ \cdots$$

(＝60°、180°、300°、…)

となります。

したがって、根軌跡の漸近線は実軸との交点 $\sigma_c=-1$ より3本が出ます。それぞれ実軸とのなす角は $1/3\pi$、π、$5/3\pi$ です。

漸近線を図示すると、図9−11のようになります。

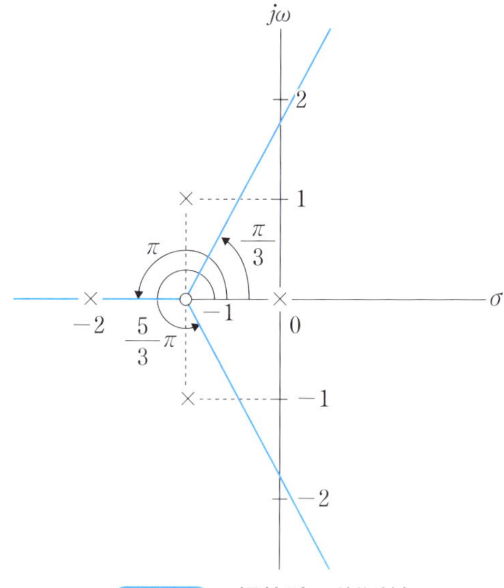

図9−11 根軌跡の漸近線

◇ステップ3

根軌跡の実軸からの分岐点は存在しません。

極 $P_3=-1+j$ と $P_4=-l-j$ が複素平面上で対照的に存在し、ここから2つの軌跡がそれぞれ出発するためです。また、すでに残り2つの軌跡は実軸上で P_1 と Z_1 の間と P_2 と負の無限遠点で存在しているためです。

◇ステップ4

根軌跡と虚軸との交点 S_a をラウスの安定判別法から求めます。ラウス表を作成します。

特性方程式 $1+G(s)H(s)=0$ から、次の特性多項式を得ます。

$$1+G(s)H(s)=1+\frac{K(s+1)}{s(s+2)(s^2+2s+2)}$$

$$= \frac{s(s+2)s(s^2+2s+2)+K(s+1)}{s(s+2)(s^2+2s+2)}$$

$$= \frac{s^4+4s^3+6s^2+(4+K)s+K}{s(s+2)(s^2+2s+2)}$$

これから $s=S_a$ として、

$$S_a^4+4S_a^3+6S_a^2+(4+K)S_a+K=0$$

となります。

ラウス表を作成します。

S_a^4	1	6	K
S_a^3	4	$4+K$	
S_a^2	$5-\frac{K}{4}$	K	
S_a^1	$4+K-\frac{4K}{5+\frac{K}{4}}$		
S_a^0	K		

これより安定条件は、

$$K>0$$

$$4+K-\frac{4K}{5+\frac{K}{4}}>0$$

となります。

安定限界は、

$$4+K-\frac{4K}{5+\frac{K}{4}}=0$$

$$20-K+5K-\frac{K^2}{4}-4K=0$$

$$80+16K-K^2-16K=0$$

$$80=K^2$$

から

$$K=\sqrt{80}=4\sqrt{5}$$

が得られます。

$K=4\sqrt{5}$を上の特性方程式、またはS_a^2の補助方程式に代入してS_aについて解きます。

S_a^2の補助方程式は、

$$\left(5-\frac{K}{4}\right)S_a^2+K=0$$

です。$K=4\sqrt{5}$を代入すると、

$$\left(5-\frac{4\sqrt{5}}{4}\right)S_a^2+4\sqrt{5}=0$$

$$S_a^2+\frac{4\sqrt{5}}{5-\sqrt{5}}=0$$

となり、これの解は与えられています。

$$S_a=\pm 1.79j$$

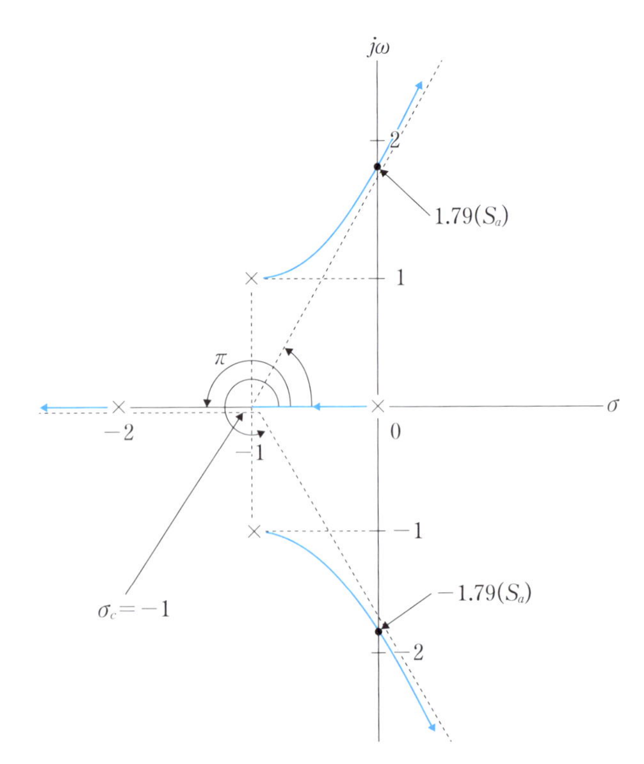

図9−12 根軌跡を作図する

この点は複素平面の虚軸上になります。

以上のステップ1～4の結果を総合すると、根軌跡は図9－12のように作図できます。

すなわち、根軌跡は$P_3=-1+j$、$P_4=-1-j$からそれぞれ別々に出発し、虚軸上の$S_a=\pm1.79j$を通過して漸近線に沿って無限遠点に到達します。また、実軸上ではP_1とZ_1の間とP_2から無限遠点に向かう根軌跡が存在します。軌跡の数は4つです。

根軌跡を見ると、安定限界である$S_a=\pm1.79_j$を超えると2つの根軌跡は複素平面の右半平面に入ってしまいます。系の安定を維持するためにはゲイン定数Kは$K<4\sqrt{5}$の範囲でなければなりません。

最後の例題です。これは［解説］を付けません。これまでの例題を参考にして挑戦してみてください。

［例題9－3］

フィードバック制御系の特性方程式$1+G(s)H(s)=0$における一巡伝達関数が次式で与えられている。Kは制御装置のゲイン定数とする。これの根軌跡を作図しなさい。

$$G(s)H(s)=\frac{K}{s(s+1)(s+3)}$$

ただし、S_bについての2次方程式

$$3S_b^2+8S_b+3=0$$

の解を$S_b=-2.215$、-0.451とし、S_aについての多項式$S_a^3+4S_a^2+3S_a+12=0$の解を$S_a=\pm\sqrt{3}\,j$とする。

［解答］

省略。

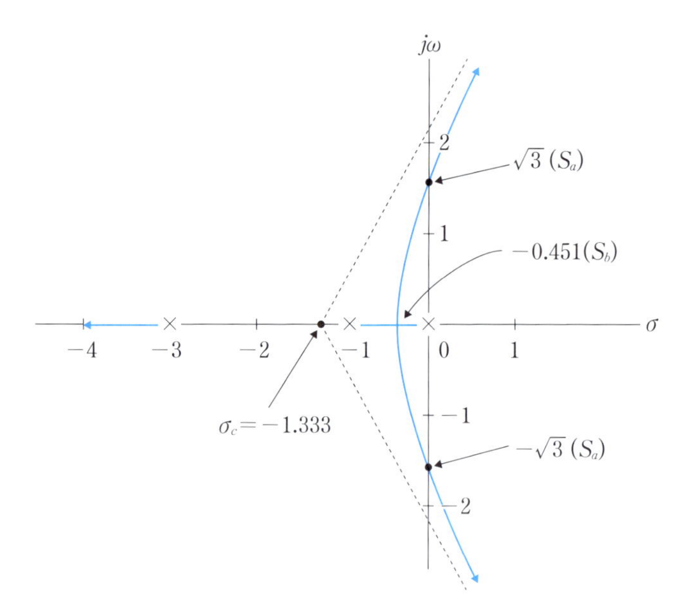

図 9 −13　根軌跡を作図する

答：図 9 −13

重要項目

◇エバンスの図的手法

根軌跡を図的に求める作図法です。特性方程式を直接扱うことなく、特性根の一巡伝達関数から図的に求める手法です。

以下の手順に従います。

（1）根軌跡は複素平面上に描かれる。

（2）根軌跡は系の一巡伝達関数 $G(s)H(s)$ の極から出発し、ゼロ点および無限遠点に到達する。軌跡の数は極の数に等しい。

（3）根軌跡は実軸に対して対象である。

（4）$G(s)H(s)$ の極とゼロ点がすべて実軸上にあるとき、実軸上の根軌跡は極とゼロ点で分割される区間のうち、右側から奇数番目のものである。

（5）無限遠点に至る根軌跡の漸近線は次式から得られる。

漸近線と実軸との交点を σ_c とし、漸近線の傾き（偏角）を ω とする。

$$\sigma_c = \frac{1}{n-m}\left(\sum_{i=1}^{n} P_i - \sum_{j=1}^{m} Z_j\right)$$

$$\omega = \frac{2\lambda+1}{n-m}\pi \quad \text{または} \quad \omega = \frac{k\pi}{n-m}(\sigma-\sigma_c) = \frac{k\pi}{3}(\sigma+2)$$

（λ＝０、１、２、…）　（k＝±1、±3、…）

（6）根軌跡の実軸からの分岐点、または根軌跡が実軸に入る点を S_b とすると、次式が成り立つ。

$$\sum_{i=1}^{n} \frac{1}{S_b - P_i} = \sum_{j=1}^{m} \frac{1}{S_b - Z_j}$$

（7）根軌跡と虚軸との交点 S_a は、ラウスの安定判別法またはフルビッツの安定判別法の安定限界条件より求める。

◇一巡伝達関数の極とゼロ点

特性方程式 $1 + G(s)H(s) = 0$ における一巡伝達関数が次式で与えられる場合、極は式の分母から $P_1 = 0$、$P_2 = -2$、ゼロ点は式の分子から $Z_1 = -0.5$ として求めます。このときの極の数とゼロ点の数はそれぞれ $\pi = 2$、$m = 1$ とします。

$$G(s)H(s) = \frac{K(s+0.5)}{s(s+2)}$$

エバンスの図的手法で軌跡を描く場合は、極とゼロ点を求めることがこの手法の出発点になります。

第 3 部

制御の実習

第10章 PID制御の実習

温度自動制御学習キットを使って *PID* 制御について実習します。最初に、フィードバック制御の特性補償について説明します。次に、特性補償を目的とした調節計と *PID* 動作の基本について説明します。最後に、温度自動制御学習キットを使って、*ON/OFF* 制御の実習からはじめ、比例制御と *PI* 制御について実習します。これらの実習を通してそれぞれの制御方法の特徴や違いについて理解を深めます。

10-1 フィードバック制御の特性補償

最初に、フィードバック制御の特性補償について説明します。特性補償はフィードバック制御の基本動作となっているPID制御で使われる補償要素がもつ特性です。図10－1はステップ応答の例です。

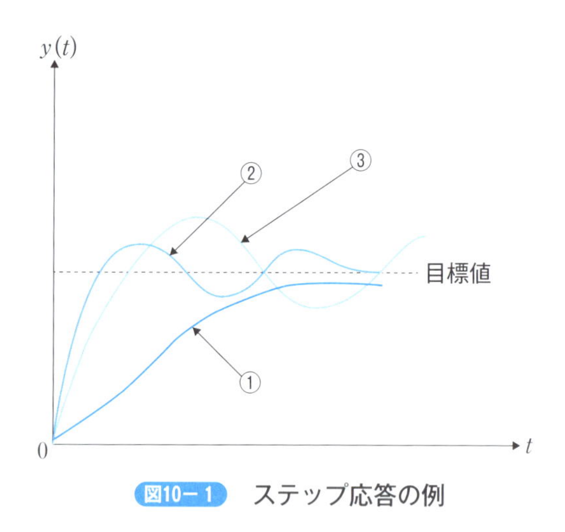

図10－1 ステップ応答の例

①、②、③の応答はいずれも目標値に落ち着くという意味では安定ですが、この中で②は比較的速く定常値（目標値）に達するのでよい応答といえます。

これに対して、①と③の場合は定常値（目標値）に落ち着くのに時間がかかり、必ずしもよい応答とはいえません。

このように、フィードバック制御では、安定であるだけでなく、過渡応答がよいことが要求されます。

特性補償とは安定と過渡応答の両面を改善することを目的としています。

特性補償には、直列補償（図10－2）と並列補償（図10－3）があります。

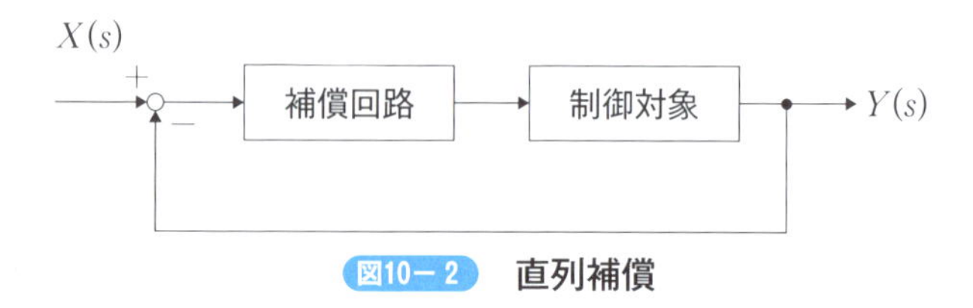

図10－2 直列補償

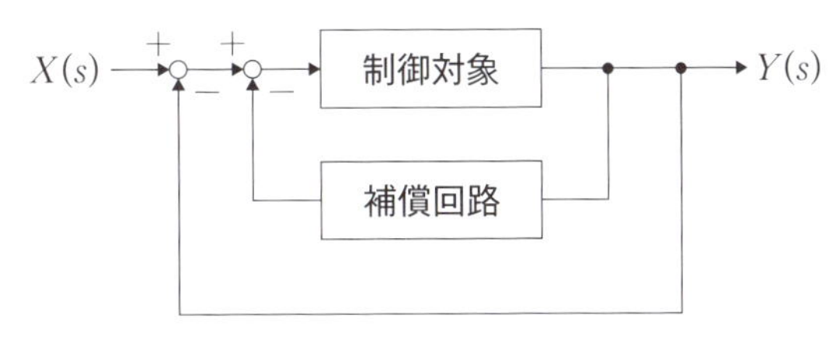

図10－3　並列補償

直列補償とは、閉ループの主回路に適当な周波数特性をもつ補償要素を直列に挿入する方法です。カスケード補償法ともいいます。

並列補償は、系の一部の制御要素に補償要素を挿入して局部的にフィードバックを構成し、系の一巡伝達関数を目的の特性に改善する方法です。

いずれの補償法にも長所と短所がります。どちらを選ぶかは補償すべき要素の性質や使われる信号の性質などによって決定されます。

10−2 調節計とPID動作

直列補償要素で最も多く使用されているのが、**調節計**と呼ばれている汎用の制御装置です。本章で使用する温度自動制御学習キットの「電子温度調節器」もその1つです。

調節計の補償要素としての伝達関数は次のように表すことができます。

$$G(s)=G_P(s)+G_I(s)+G_D(s)$$

$$=K_P+K_I\frac{1}{s}+K_Ds \qquad (10-1)$$

K_P、K_I、K_D は定数で、K_P を**比例ゲイン**といい、$\frac{1}{K_P}$ を**比例帯**といいます※注。

右辺の第1項は、調節計の出力が誤差に比例する部分で**比例動作**、または ***P***（*Proportional* の略）**動作**といいます。

第2項は誤差の積分に比例する部分で**積分動作**、または ***I***（*Integral*）**動作**といいます。

第3項は誤差の微分に比例する部分で**微分動作**、または ***D***（*Differential*）**動作**といいます。

また、この3つの動作を備えた調節計を ***PID*** **調節計**、または **3動作調節計**といいます。

調節計に1つまたは2つのみの動作をもたせることも可能です。

P 調節計（1動作）として使用する場合は、

$$G(s)=K_P \qquad (10-2)$$

となります。

I 調節計（1動作）として使用する場合は、

$$G(s)=K_I\frac{1}{s} \qquad (10-3)$$

となります。

P 調節計（2動作）として使用する場合は、

$$G(s)=K_P+K_I\frac{1}{s}=K_P\left(1+\frac{1}{K_P/K_I}\cdot\frac{1}{s}\right)=K_P\left(1+\frac{1}{T_Is}\right) \qquad (10-4)$$

※注：比例帯については、10−5「比例制御の実習」で説明する。

となります。T_I を積分時間またはリセット時間といいます。

PD 調節計（2動作）として使用する場合は、

$$G(s)=K_P+K_Ds=K_P\left(1+\frac{K_D}{K_P}s\right)=K_P(1+T_Ds) \qquad (10-5)$$

となります。T_D を微分時間、またはレート時間といいます。

このように調節計は制御対象や補償の効果に応じて1動作ないしは2動作、または3動作をもたせることができます。制御対象によっては必ずしも3動作がベストというわけではありません。

1動作または2動作は、3動作の場合に比べて、設定するパラメータ数も少なくて済むので、調節に要する時間・労力が軽減されます。また、調節計そのものも1動作または2動作のみの機種が選択できるので、その分コストも軽減されます。

これらの選択基準は経験的なところも多く、一義的には決められません。いくつかの選択基準が提案されています。

また、*PID* 動作の各パラメータ調整も種々の方法が提案されています。

さっそく、温度自動制御学習キットを使って制御の実習を始めましょう。

10－3 温度自動制御学習キット

使用する「温度自動制御学習キット」（アドウイン製、写真10－1）は、ヒータの温度制御を通して*PID*動作による自動制御を実習するためのキットです。本章では、*ON/OFF*制御、比例制御（*P*制御）、*PI*制御について実習します。

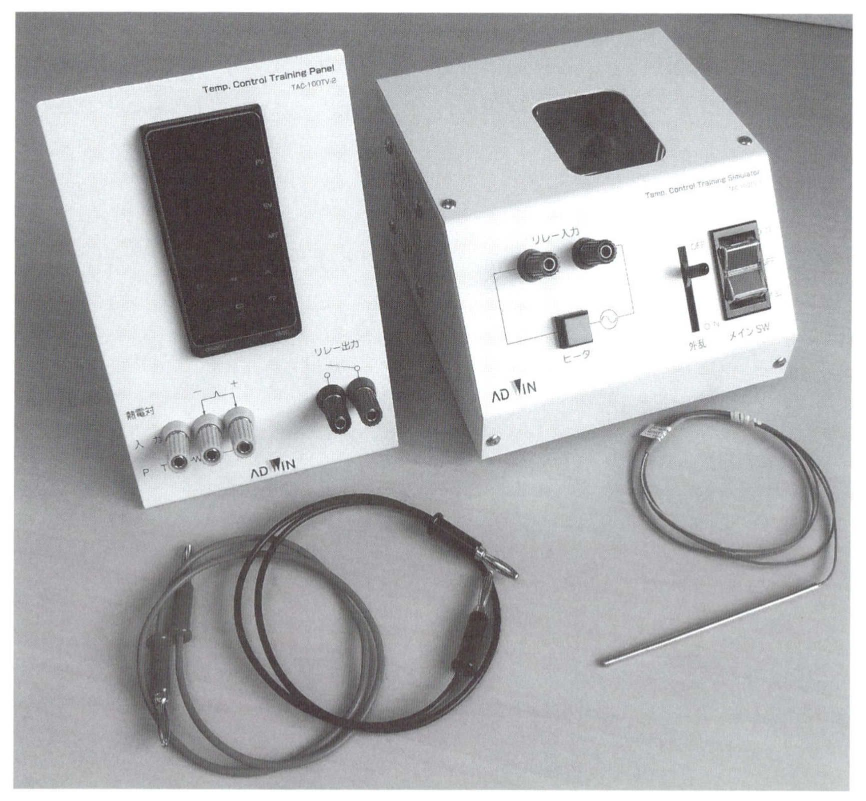

写真10－1　温度制御学習キット

10－3－1　キットの構成

最初に、キットの概要を説明します。キットは以下のような機器、部材などで構成されています（写真10－2）。

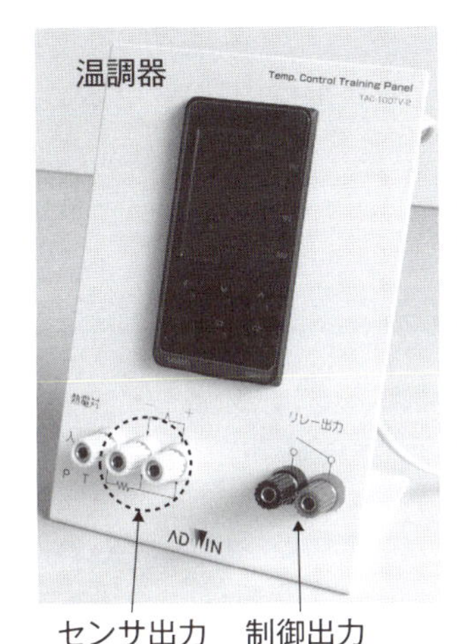

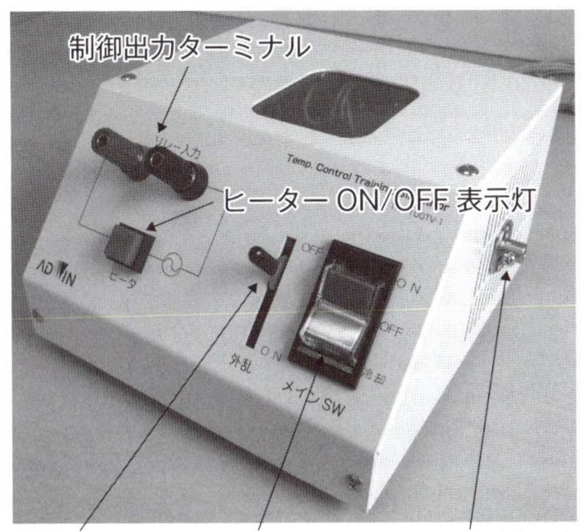

外乱レバー　電源スイッチ　熱電対取り付け穴

（a）温調パネル　　（b）温調シミュレータ

写真10－2　温調パネルと温調シミュレータの概観

◇温調パネル

調節計である電子温度調節器（以下、温度調節器）が取り付けられたパネルです。温度設定や *PID* の各動作の設定をします。

◇温調シミュレータ

ヒータ、外乱用冷却ブロックおよび冷却ファンが内蔵されています。

◇熱電対

測温体といわれるもので、温度センサの１つです。精密な温度測定が可能です。熱電対[※注]の出力を温調パネルに接続して温調シミュレータ（ヒータ）の温度を計測します。

◇配線材料

付属の２本のケーブルです。温調パネルと温調シミュレータの制御出力の端子間を接続します。

◇教材

サブテキストと取り扱い説明用の *DVD* が付属しています。

※注：熱電対の基本原理については付録 *C*「熱電対」を参照。

10−3−2 キットの接続

温調パネルと温調シミュレータは写真10−3のように接続します。2本のケーブルと熱電対の接続が終了した様子です。

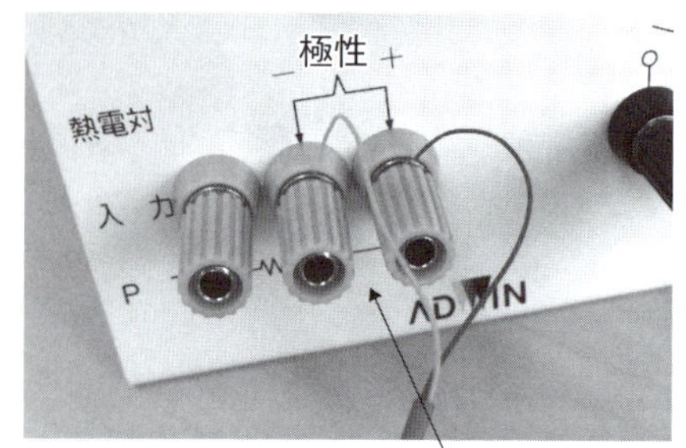

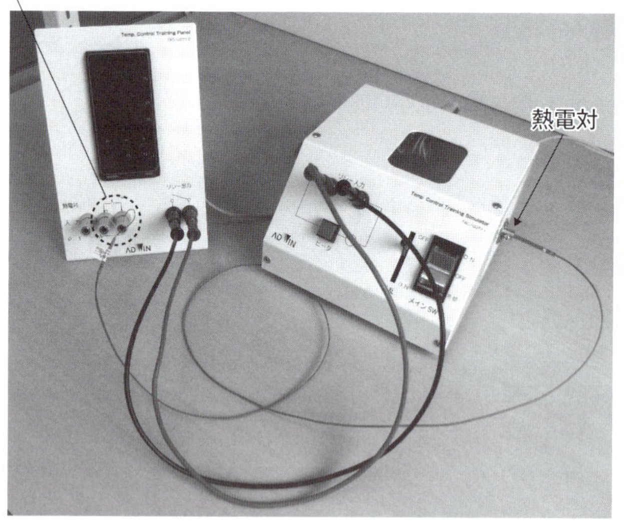

写真10−3 温調パネルと温調シミュレータの接続

2本のケーブルで温調パネルの制御出力端子と温調シミュレータの制御出力接続ターミナルを接続します。お互いに同じ色（黒と赤）の端子同士を接続します。

熱電対は棒状のセンサ部を温調シミュレータの測温体取り付け穴に止まる位置まで挿入します。熱電対のリード線は温調パネルのセンサ入力端子に接続します。熱電対のリード線は極性があります。赤い縞の入っているリード線を＋端子に、他方のリード線を－端子に接続します。

最後に、温調パネルの電源プラグを温調シミュレータ背面のコンセントに差し込んで、接続は完了です。

このほかの準備作業として、温調パネルに取り付けられた温度調節器内部の設定があります。次節以降で実習する各制御方式を選択するための設定です。

10−4 ON/OFF制御の実習

*PID*制御を実習する前に、単純な制御方式である*ON/OFF*制御について実習します。デジタルの1と0の2値のみを取ります。温度が目標値より低ければ、ヒータを*ON*に、高ければ*OFF*にして、温度を一定にする制御方式です。図10−4は*ON/OFF*制御を図示したものです。

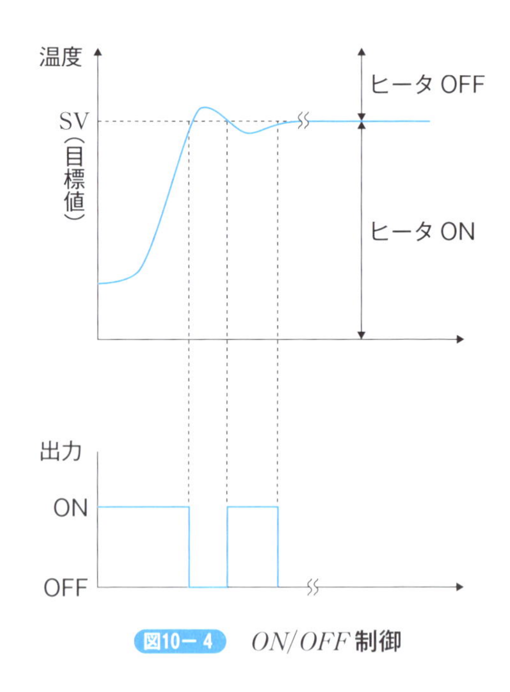

図10−4 *ON/OFF*制御

最初に、温度調節器の制御方式に対応した定数をマニュアルで設定します。これをチューニングといいます。

さっそく実習を開始します。

温調シミュレータの電源プラグを*AC* 100*V*コンセントに差し込み電源を投入します。温調パネルの表示部がデジタル表示されます。

温度調節器の「初期設定レベル」で「モード」キーを数回押して、初期値である「*ON/OFF*制御」の設定を確認します（写真10−4）。

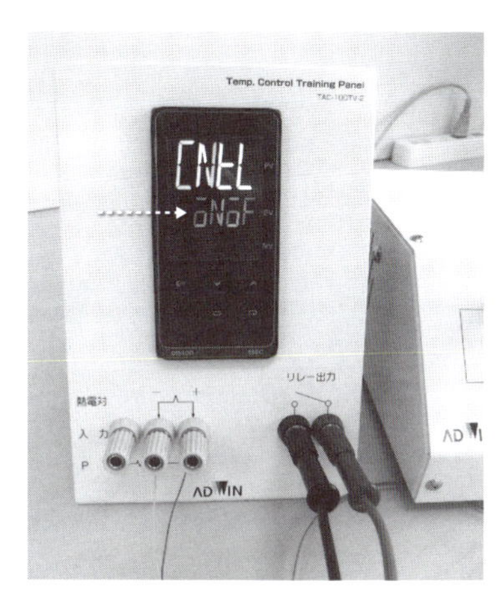

写真10－4　「ON/OFF制御」の設定を確認する

「運転レベル」に戻すと、現在温度が測定値表示部 PV に表示されます。

温調パネル（温度調節器）の目標値 SV を設定します。パネル前面の「アップ/ダウン」キーを押して

$SV=100℃$

に設定します（写真10－５）。

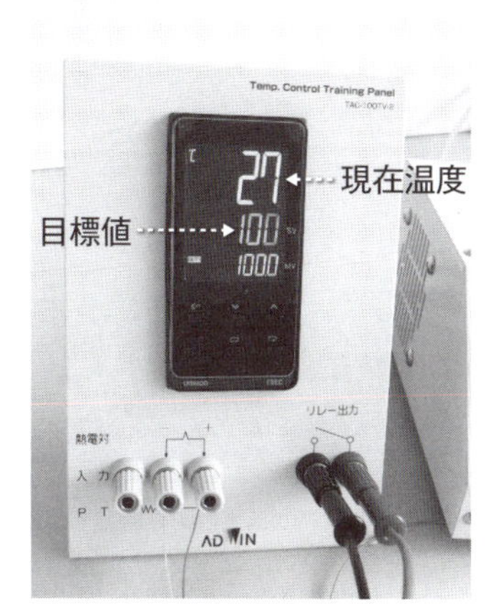

写真10－５　温度調節器のパネル部

温調シミュレータのメイン SW を ON にして測定を開始します（写真10－６）。10秒ごとの温度変化をサブテキストに添付のグラフ用紙にプロットしていきます。測定データとグラフをそれぞれ表10－１の「ON/OFF制御の例」と図

10－5に示します。

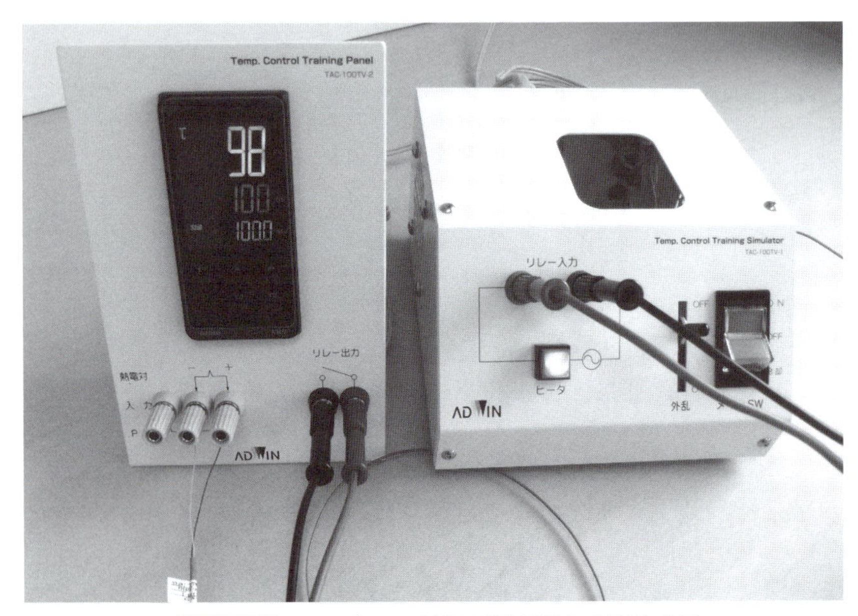

写真10－6　*ON/OFF* 制御で温度測定を開始する

表10－1　測定データ（ON/OFF 制御と P 制御）

時間	温度（℃）		
	ON/OFF 制御	比例（P）制御	
		$P=40$	$P=3$
0	22	25	24
10	23	25	25
20	26	28	28
30	33	35	35
40	42	43	43
50	51	52	52
1分	59	61	61
10	66	69	68
20	73	75	75
30	80	81	82
40	86	88	88
50	91	93	93
2分	96	97	98
10	101	100	103
20	104	102	105
30	106	103	105
40	104	103	103
50	101	103	98
3分	97	103	94
10	93	102	92
20	94	102	93
30	95	101	96
40	98	101	99
50	102	100	103
4分	105	101	105
10	105	100	104
20	102	101	102
30	99	100	97
40	95	100	93
50	93	100	91
5分	95	100	92

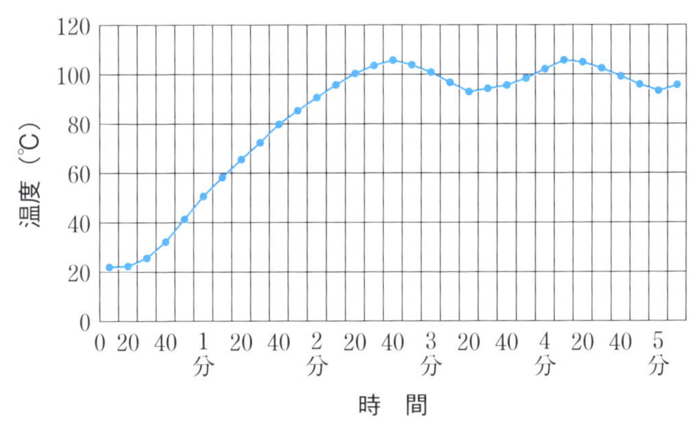

図10－5　*ON/OFF* 制御の温度変化

グラフを見ると、設定温度 (100℃) 付近でオーバシュートとアンダーシュートが見られます※注。

図10－５に示したように、ヒータの電源が *ON* から *OFF* に切り換わっても、ヒータ自身に余熱があるためその分温度が上昇します。また、電源が *OFF* から *ON* に切り換わっても、ヒータ自身が温まるまで時間遅れが生じ、すぐには温度は上昇しません。このような理由からオーバシュートとアンダーシュートが生じます。

※注：オーバシュートとアンダーシュートについては本章末のコラム10－１「オーバーシュート、アンダーシュート、オフセット」を参照。

10－5 比例制御の実習

比例制御（P制御）とはどのような制御をするのか、ON/OFF制御と比べてどのように異なるのか、これらについて実習します。また、比例帯が異なる場合の比例動作の違いを実習します。

（1）P＝40の場合

温調シミュレータの電源を入れます。

温調パネルの温度調節器のボタン操作で以下のようにパラメータを設定します。

設定温度	SV＝100℃
比例帯	P＝40℃
積分	I＝0
微分	D＝0

具体的には次のように操作します。

手順１：SV＝100の設定はON/OFF制御と同じです。

手順２：「初期設定レベル」で「モード」キーを数回押して「PID制御」を設定します（写真10－７）。

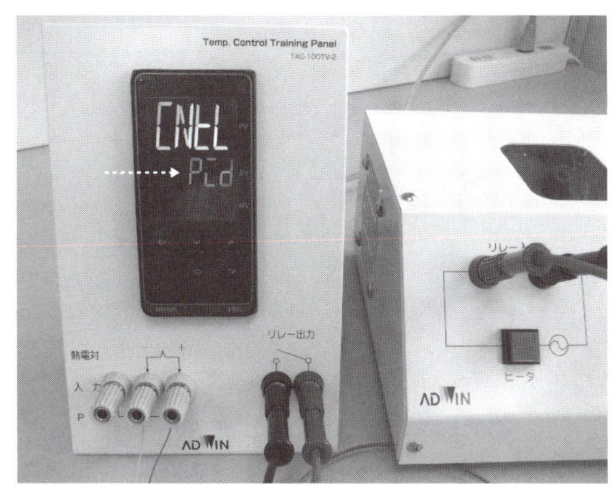

写真10－７　「PID制御」を設定

手順３：「調整レベル」で「モード」キーを押して「AT実行／中止」を選

択します。ATとはオートチューニング※注の略です（写真10−８）。

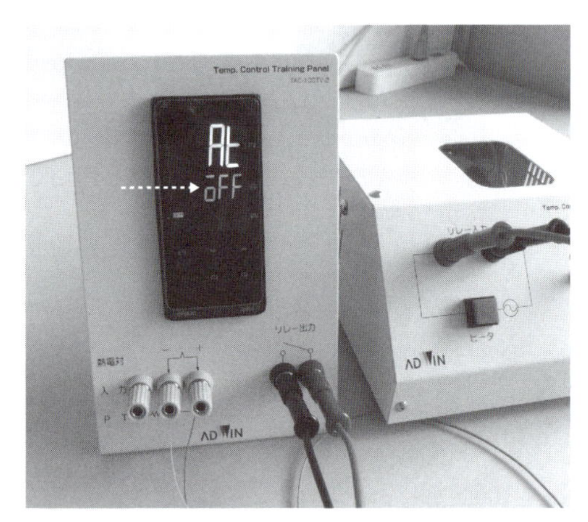

写真10−８　「AT実行／中止」を選択

手順４：「モード」キーを数回押してPV表示をpにします。
手順５：アップキーとダウンキーを使って、SV表示を40にします（写真10−９）。

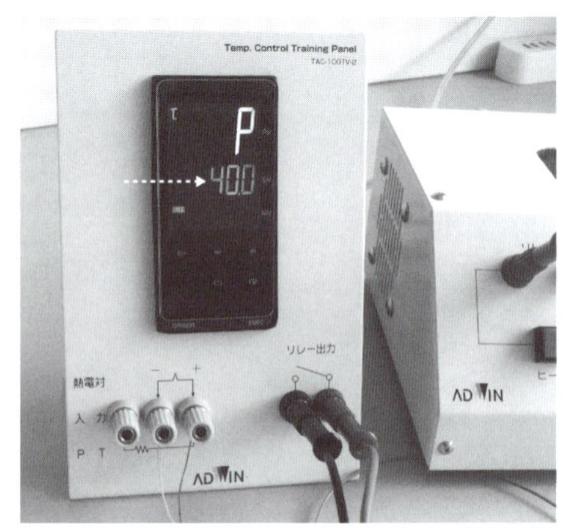

写真10−９　PV表示をp=40に設定

※注：オートチューニングとは、最適なPID定数を自動的に求める機能のことをいう。通常、この機能は調節器に備わっている。

手順６：「モード」キーを１回押して PV 表示を i にした後、アップキーとダウンキーを使って SV 表示を０にします。

手順７：「モード」キーをさらに１回押して PV 表示を d にした後、アップキーとダウンキーを使って SV 表示を０にします。

以上で設定は終わりです。

温調シミュレータのメイン SW を ON にして測定を開始します。10秒ごとの温度変化をグラフ用紙にプロットしていきます。

測定結果は表10－１の「比例（P）制御」の例と図10－６です。

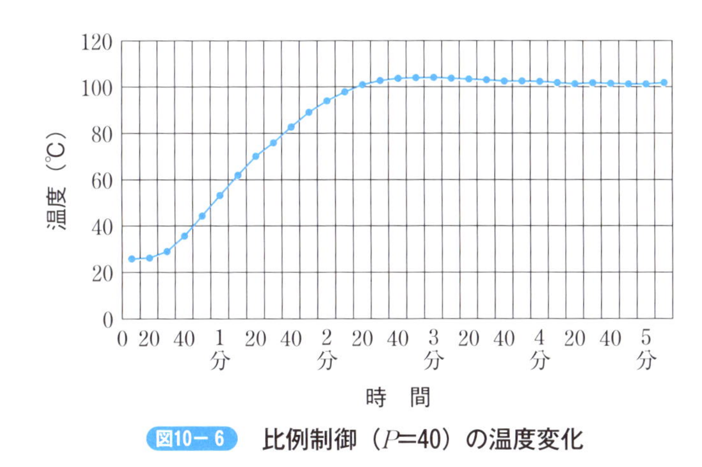

図10－６　比例制御（P=40）の温度変化

図の温度変化を見ると、ON/OFF 制御に比べてなめらかに温度上昇しながら設定温度に漸近していきます。大きなオーバシュートやアンダーシュートは見られません。比例制御の効果が得られています。

（２）P=３の場合

次に、同じ比例制御でも比例帯を小さくしてみます。P=３に設定し、そのほかの設定値は同じにします。設定手順は p=40の場合と同じです。

設定温度	SV=100℃
比例帯	**P=３℃**
積分	I=０
微分	D=０

さっそく測定を開始します。

結果は表10－３と図10－７です。オーバシュートとアンダーシュートが生じ、ON/OFF 制御とあまり変わらない温度制御になってしまいました。

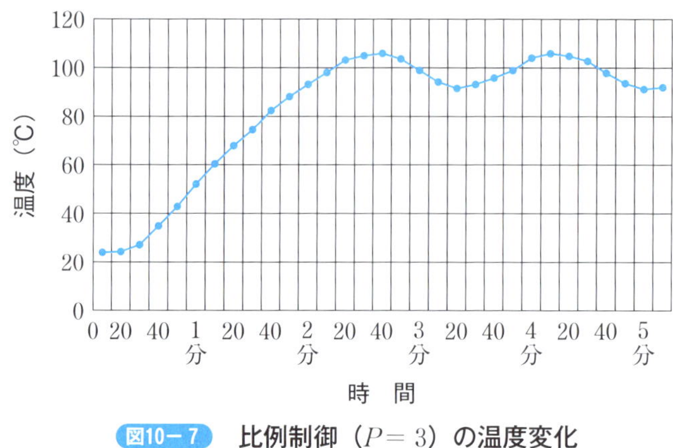

図10−7　比例制御（$P=3$）の温度変化

比例制御は、現在温度と設定温度の差（誤差）が大きいほど速く設定温度に到達させるための制御方式です。

これについて図10−8で説明します。

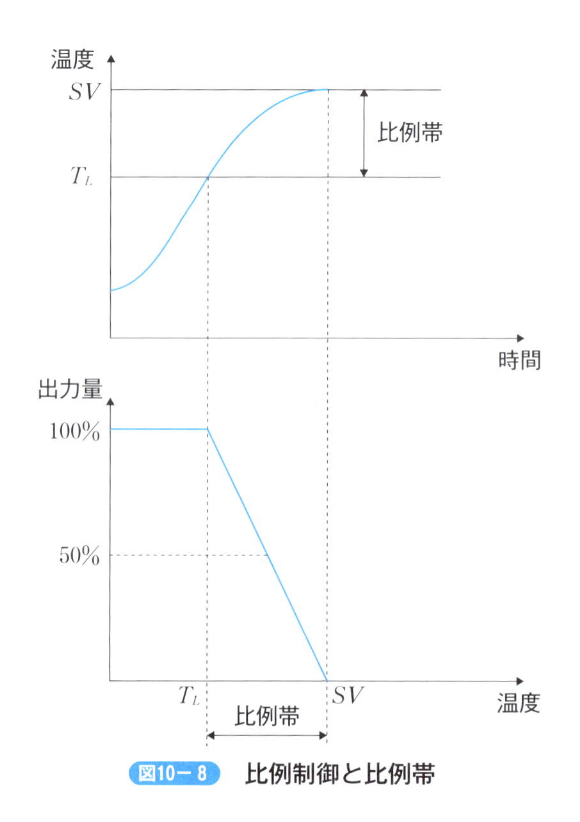

図10−8　比例制御と比例帯

現在温度が上昇し、ある温度 T_L まで100%の出力量で温度を上昇させます。T_L に達した時点で温度差

　　［設定温度 SV］－［現在温度 $PV = T_L$］

に比例して出力量を減少させ、設定温度に近づけていきます。

逆に、現在温度が設定温度より高くなれば、ある温度 T_H まで０％出力で温度を下げ、T_H に到達したときに、そのときの温度差

　　［設定温度 SV］－［現在温度 $PV = T_H$］

に比例して出力を増加させ、設定温度に速く到達するようにします。

このように、温度差に比例して出力量を随時調整し、より安定した制御をします。この温度差のことを比例帯といいます。$P=40$、$P=3$ としたのは、この温度差を設定したことになります。$P=3$ の場合は、比例帯が小さかったいため、比例制御の効果が顕著に出なかった例です。

P 制御だけでも図10－６に見られるようにかなり安定した制御が得られます。

10−6 PI制御の実習

PI制御とは、比例（P）制御で設定値SVを超えて出力が安定してしまった場合に、過剰な出力量を減少させて偏差（オフセットまたは定常偏差という）を少なくし、最終的にSVに一致させるように働かせる制御方式です。図10−9はこれを示したものです。

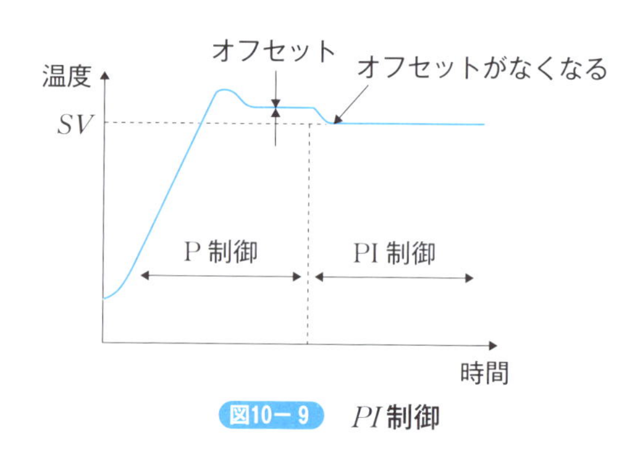

図10−9 PI制御

それでは実際に実習して動作を確認してみましょう。

（1）$I=5$の場合

最初に、温度調節器パネルのボタン操作で以下のようにパラメータを設定します。

設定温度	$SV=100$℃
比例帯	$P=60$℃
積分	$I=5$秒
微分	$D=0$

具体的には、表示レベル1の状態で、

手順1：「モード」キーを押してPV表示をpにした後、アップキーとダウンキーを使ってSV表示を60にします。$P=60$℃に設定します。

手順2：「モード」キーで押してPV表示をiにした後、アップキーとダウンキーを使ってSV表示を5にします。$I=5$秒に設定します（写真10−10）。

手順3：最後に、「モード」キーで押してPV表示をdにした後、アップキーとダウンキーを使って *SV* 表示を 0 にします。$D=0$ 秒に設定します。

温調シミュレータのメイン *SW* を *ON* にします。10秒ごとの温度変化をグラフ用紙にプロットしていきます。

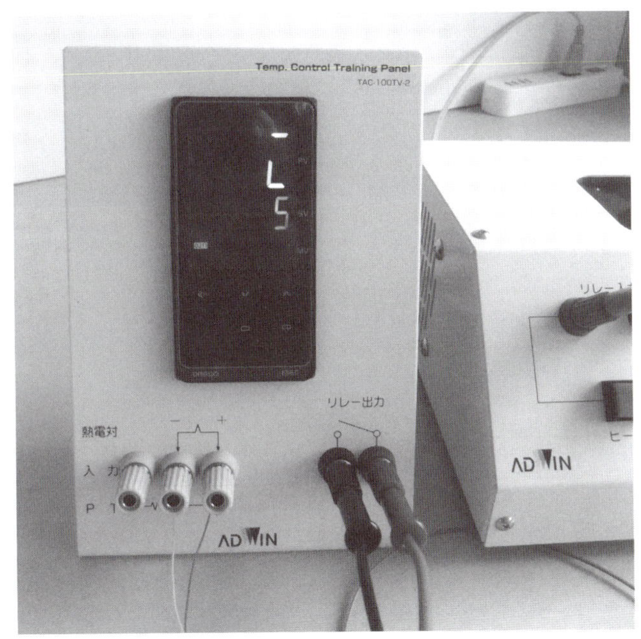

写真10－10　***SV* 表示を $I=5$ に設定**

表10－２の「$I=5$ 秒」の例は測定データの例です。図10－10は、これをグラフにしたものです。$I=5$ 秒の場合は、設定値（100℃）付近でオーバシュートとアンダーシュートを繰り返し、*PI* 制御の効果が顕著に出ていません。

測定後、温調シミュレータのメイン *SW* を冷却側に *ON* にします。

表10－2　測定データ（PI制御）

時間	温度（℃）	
	PI制御	
	I＝5秒	I＝60秒
0	27	38
10	33	46
20	41	55
30	50	63
40	58	69
50	66	76
1分	73	82
10	79	87
20	85	93
30	90	96
40	95	99
50	100	101
2分	104	103
10	107	104
20	109	105
30	110	106
40	110	106
50	107	106
3分	103	106
10	98	105
20	93	105
30	89	104
40	88	104
50	88	103
4分	89	102
10	92	102
20	96	101
30	100	101
40	104	101
50	107	100
5分	110	100
10	111	100
20	110	100
30	107	100
40	103	100
50	98	99
6分	92	100
10	88	100
20	87	100
30	90	100
40	93	100
50	97	100
7分	101	100

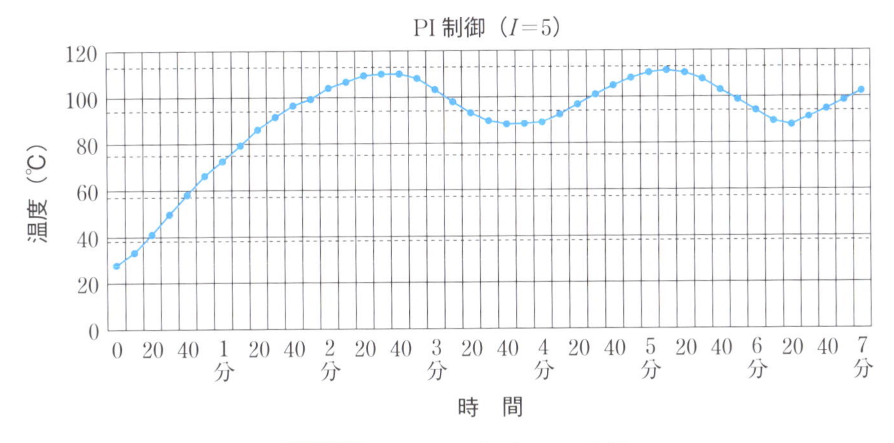

図10-10　$I=5$ の場合の PI 制御

（2）$I=60$の場合

Iの設定値を大きくしてみます。$I=60$に設定します。「モード」キーでパラメータをiに設定し、アップキーとダウンキーでSV表示を60に設定します（写真10-11）。このほかの測定手順は$I=5$のときと同じです。

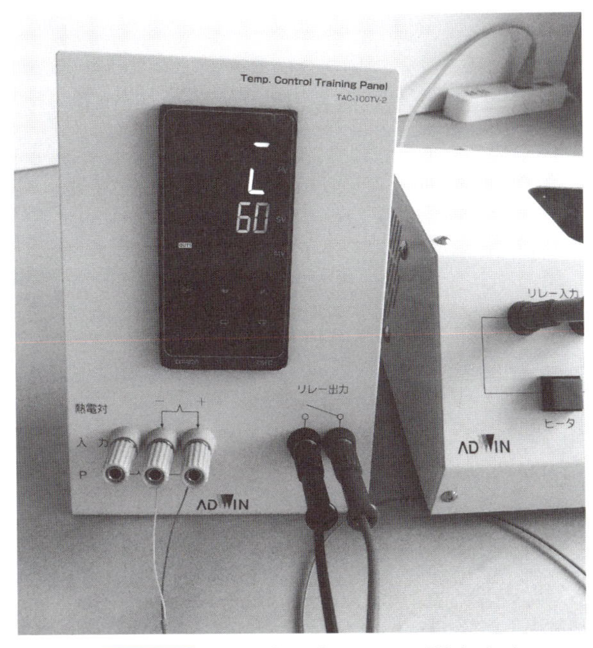

写真10-11　SV表示を $I=60$ に設定する

測定データを表10−2の「I=60秒」の列に示します。グラフにすると図10−11になります。I=60の場合は、温度上昇時のオーバシュートが抑えられ、設定値100℃で安定になります。PI制御がよく働いていることがわかります。

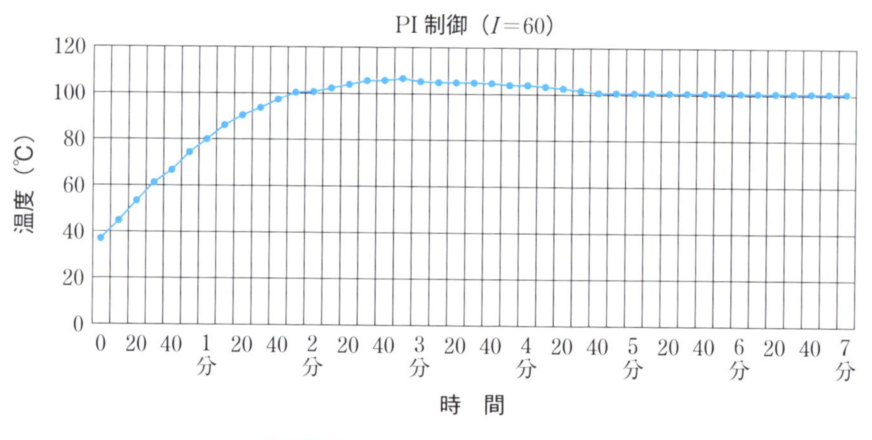

図10−11 I=60の場合のPI制御

次に、温調シミュレータの外乱発生レバー※注を10秒間ONにして、再度OFFに戻します。温度が75℃付近まで下がります。その後、PI制御が働いて設定値に戻ろうとします。表10−3と図10−12はその様子をグラフにしたものです。

このように、外乱を発生させても速やかに設定値に戻し、一定値を維持します。

D制御（微分動作）※注を加えたPID制御の実習については、機会がありましたら試してみてください。

※注：外乱発生レバーを一時的にONにすることにより、温調シミュレータ内部のヒータ温度が強制的に下がるように構成されている。

※注：D制御の実習例についてはコラム10−2「D動作（微分動作）の実験例」を参照。

表10－3　外乱を発生させたときの温度変化

時間（秒）	温度（℃）
0	75
60	88
90	100
120	107
150	109
180	108
210	105
240	103
270	100
300	100

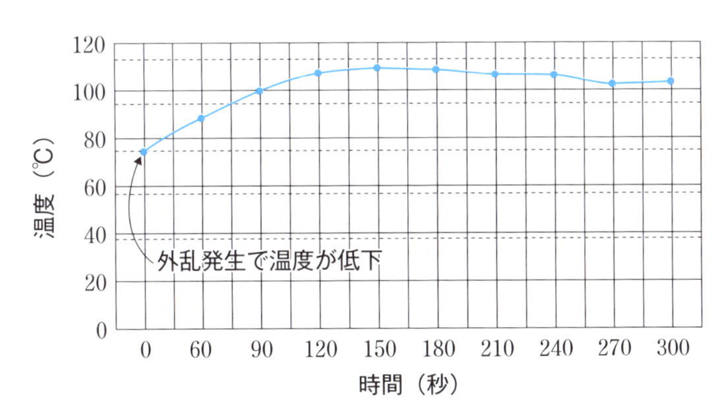

図10－12　外乱を発生させた場合の PI 制御（I=60 の場合）

[例題10－1]

PID 制御装置の伝達関数が次式で与えられている。

$$G(s)=K_P\left(1+K_I\frac{1}{s}+K_Ds\right)$$

K_P、T_I、T_D はそれぞれ何と呼ばれているか。また、積分動作を行わないときの条件を求めなさい。

[解答]

K_P は比例ゲインまたは比例感度、T_I は積分時間またはリセット時間、T_D は微分時間またはレート時間といいます。T_I の逆数 $\frac{1}{T_I}$ をリセット率といいます。

リセット率が0のとき、すなわち$\frac{1}{T_I}=0$から$T_I=\infty$のときに積分動作は行われません。

答：K_P：比例ゲインまたは比例感度
T_I：積分時間またはリセット時間
T_D：微分時間またはレート時間
積分動作を行わないときの条件は$T_I=\infty$

重要項目

◇調節計

直列補償要素として最も多く使用される制御装置です。温度制御では電子温度調節計が使われます。調節計には比例動作（P動作）、積分動作（I動作）、微分動作（D動作）の3つの機能を備えたPID調節計（3動作調節計）と1つまたは2つのみの動作をもたせたものがあります。

◇ *ON/OFF* 制御

温度制御で、測定温度が目標値より低いときはヒータをONにして温度を上昇させ、逆に、測定温度が目標値より高いときはヒータをOFFにして温度を下げる単純な温度制御をいいます。デジタルの1(ON）と0(OFF）の2値のみを取る制御をします。

◇補償要素の伝達関数

補償要素の伝達関数は、次式で与られます。

$$
\begin{aligned}
G(s) &= G_P(s) + G_I(s) + G_D(s) \\
&= K_P + K_I \frac{1}{s} + K_D s \\
&= K_P\left(1 + \frac{1}{T_I s} + T_D s\right)
\end{aligned}
$$

K_Pを比例ゲインまたは比例感度、$1/K_P$を比例帯、T_Iを積分時間またはリセット時間、T_Dを微分時間またはレート時間といいます。右辺の第1項は比例動作（P動作）、第2項は積分動作（I動作）、第3項を微分動作（D動作）といいます。

◇比例帯

比例帯とは、比例制御における測定温度と目標値との温度差をいいます。比例制御ではこの比例帯に比例してヒータの出力量を調整し、ON/OFF制御と比較してより安定した温度制御をします。

コラム10−1 オーバシュート、アンダーシュート、オフセット

オーバシュートとアンダーシュート、オフセットは、図10−13のように定義されています。オーバシュートは実際の温度が目標値を超えて上がってしまう現象をいいます。逆に、アンダーシュートとは実際の温度が目標値を超えて下がってしまう現象をいいます。また、目標値に対して実際の温度が一致せずに上下に変動する現象をハンティングいいます。

オフセットは、定常状態における実際の温度と目標値とのずれをいいます。

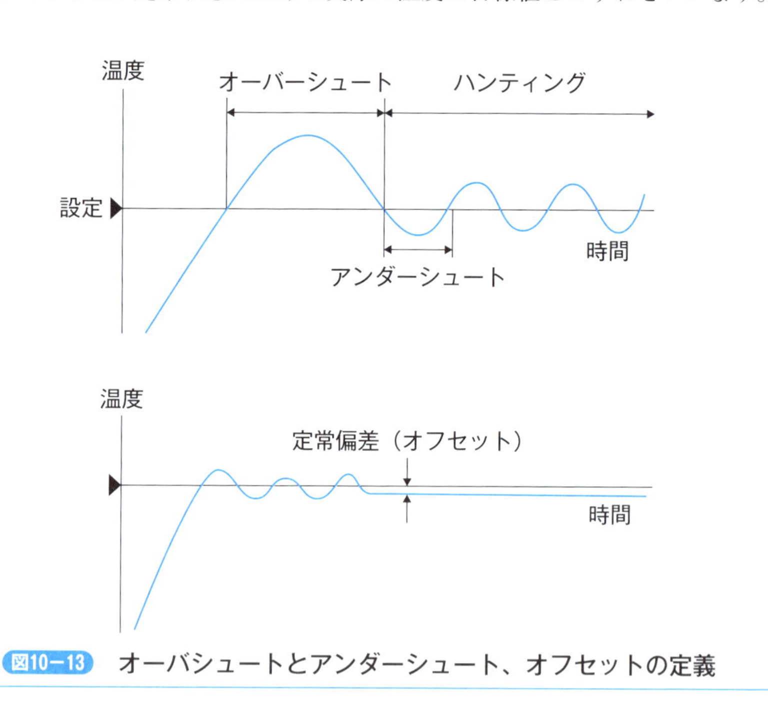

図10−13 オーバシュートとアンダーシュート、オフセットの定義

コラム10−2 *D*動作（微分動作）の実験例

*P*動作や*I*動作、または*PI*動作は、急激な外乱などに対して訂正動作をすることができません。速い追従動作ができないため、どうしても応答が遅くなります。*D*動作（微分動作）はその欠点を補うためのもので、偏差の生じる傾向（微分）に比例した出力量で訂正動作を行います。したがって、急激な外乱に対して効果的に働きます。ただし、*D*動作は単独で使用されることはなく、*PI*制御と組み合わせた*PID*制御として使います。

外乱を加えたときの*D*動作がある場合（*PID*動作）とない場合（*PI*動作）

の測定例を図10－14に示します。パラメータは次のように設定した場合です。

・設定温度　SV＝100 ℃
・比例帯　　P＝30 ℃
・積分　　　I＝40秒
・微分　　　D＝ 0 秒または D＝25秒

外乱の発生は、測定開始 4 分後に温調シミュレータの外乱発生レバーを入れ、約40秒間継続します。

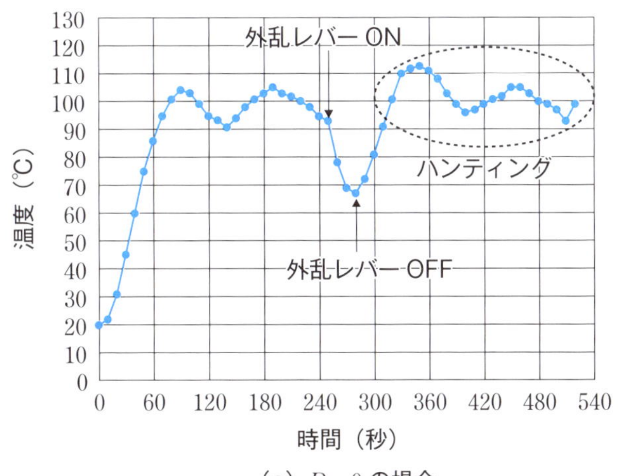

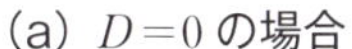
(a) D＝0 の場合

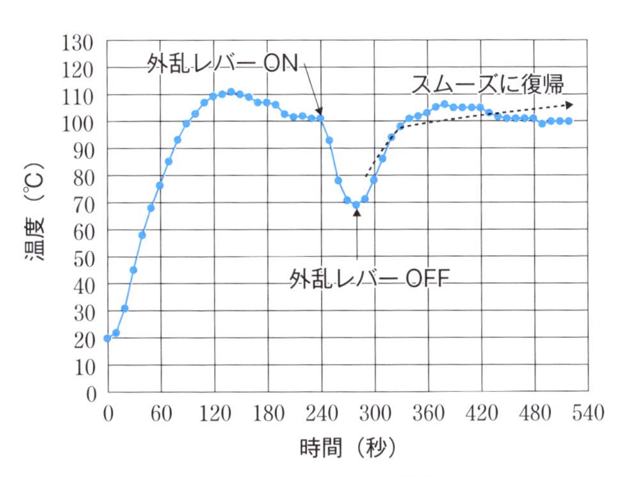

(b) D＝25 の場合

図10－14　外乱がある場合の D 制御

一方、D制御（$D=0$）がない場合は、外乱が入ると、温度は設定値から大きく低下し、外乱をOFFにしても大きなオーバシュートとハンティングが発生してすぐには定常状態には戻りません。

D制御（$D=25$）がある場合は、外乱が入ると、温度は設定値から大きく低下しますが、外乱を取り除くと大きなオーバシュートは発生せず、スムーズに定常状態に戻ります。D動作が効果的に働いたことがわかります。

［温度自動制御学習キットの入手先］

株式会社アドウイン

本社：〒733-0002 広島市西区楠木町3丁目10番13号

TEL：082-537-2460　FAX：082-238-3920

URL：http://www.adwin.com/

付録

付録A　差動増幅器

汎用のオペアンプ（741）を使用して簡単な差動増幅器の実験をします。実験回路を図A−1に示します。入力電圧 V_1は基準電圧（固定）にします。実験では、単3乾電池（1.6 V）を接続します。入力電圧 V_2は可変型直流電源を接続します。電圧を可変しながら1.6〜10 Vの直流電圧を入力します。

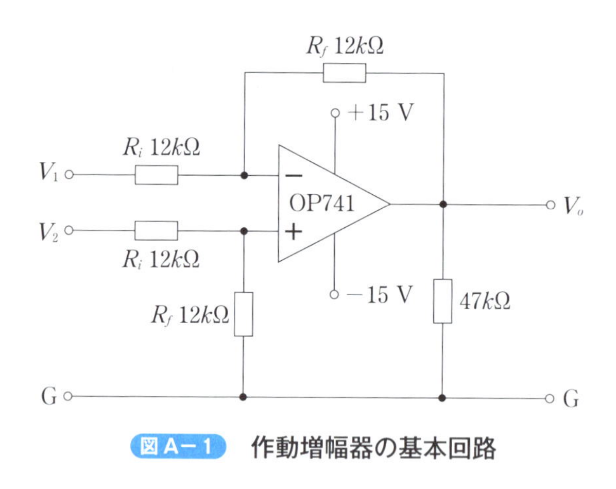

図A−1　作動増幅器の基本回路

実験回路全体を写真A−1に示します。測定結果を表A −1と図A − 2に示します。入力電圧 V_2と出力電圧 V_Oの関係は、ほぼ直線性が得られています。

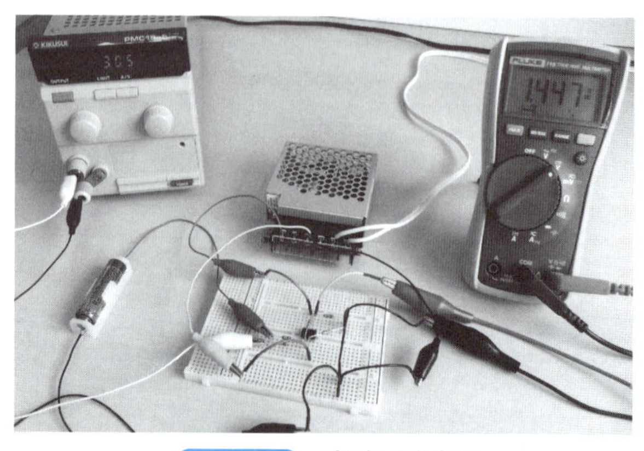

写真A−1　実験回路全景

表 A－1 測定値と計算値

入力電圧 V_2 [V]	出力電圧 V_O [V]	計算値 [V]
1.6	0.05	0
2	0.47	0.4
3	1.51	1.4
4	2.53	2.4
5	3.57	3.4
6	4.59	4.4
7	5.63	5.4
8	6.67	6.4
9	7.7	7.4
10	8.73	8.4

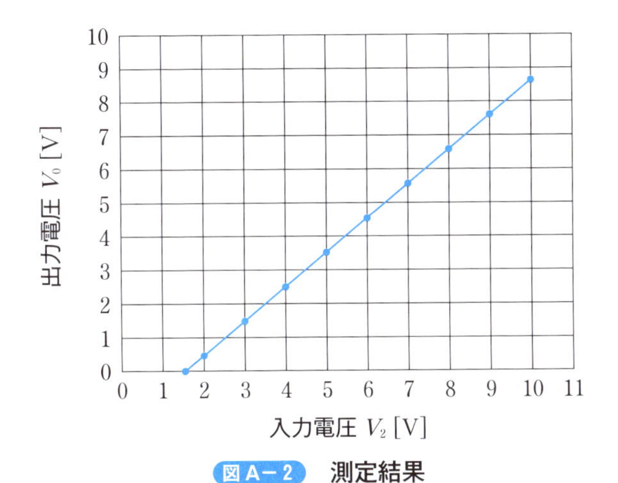

図 A－2 測定結果

表 A－1には測定値と比較のために、差動増幅回路の基本式[※注]から求めた計算値も示しています。V_2＝1.6 [V] の場合の計算値は、

$$V_O = \frac{R_f}{R_i}(V_2 - V_1) = \frac{12\ [k\Omega]}{12\ [k\Omega]}(1.6\ [V] - 1.6\ [V]) = 0\ [V]$$

です。

この実験では、$R_i = R_f = 12$ [$k\Omega$] としたので、入力電圧の差 ($V_2 - V_1$) がそのまま出力電圧 V_O として測定されます。表 A－1の測定値と計算値はほぼ近い値になります。

※注：第１章の式（１－５）を参照。

付録B ラウスの安定判別法

本文の第6章で特性方程式について説明しました。フィードバック接続の合成伝達関数（閉ループ伝達関数）は、

$$W(s) = \frac{G(s)}{1+G(s)H(s)}$$

で与えられ、これの分母を

$$1+G(s)H(s)=0$$

とおいた式を“特性方程式”といいました。また、特性方程式を解いて得られる解を“特性根”といいます。

これを一般的に表現すると、

$$1+G(s)H(s)=a_0+a_1s+a_2s^2+\cdots+a_ns^n$$

のように表され、特に“特性多項式”といい、このときの特性根を“極”といいました。

ラウス（*Routh*）の安定判別法は、この特性多項式を直接扱い、系が安定か不安定かを調べる方法です。

手順は次のようになります。

特性多項式が、

$$a_ns^n+a_{n-1}s^{n-1}+\cdots a_1s+a_0=0$$

で与えられているとします。

以下のような数列を作成します。この数列をラウス表、またはラウス数列といいます。

言葉で説明すると次のようになります。

①a_nからa_{n-2}, a_{n-4}, a_{n-6}, …といったように1つおきに係数を並べて第1行（s_n）とします。

②次に、a_{n-1}からa_{n-3}, a_{n-5}, a_{n-7}, …といったように1つおきに係数を並べて第2行（s_{n-1}）にします。

③第3行（s^{n-2}）以下は、“たすきがけ”と引き算、そしてすぐ上の行の左端の数値で割る、という操作をします。

表B－1のラウス表を参照してください。

表B－1　ラウス表

s^n	$a_n(=R_{11})$	$a_{n-2}(=R_{12})$	$a_{n-4}(=R_{13})$
s^{n-1}	$a_{n-1}(=R_{21})$	$a_{n-3}(=R_{22})$	$a_{n-5}(=R_{23})$
s^{n-}	$\dfrac{a_{n-1}a_{n-2}-a_na_{n-3}}{a_{n-1}}(=R_{31})$	$\dfrac{a_{n-1}a_{n-4}-a_{n-5}a_n}{a_{n-1}}(=R_{32})$	$\dfrac{a_{n-1}a_{n-6}-a_{n-7}a_n}{a_{n-1}}(=R_{33})\cdots$
s^{n-3}	$\dfrac{R_{31}R_{22}-R_{21}R_{32}}{R_{31}}(=R_{41})$	$\dfrac{R_{31}R_{23}-R_{21}R_{33}}{R_{31}}(=R_{42})\cdots$	
s^{n-4}	$\dfrac{R_{41}R_{32}-R_{31}R_{42}}{R_{41}}(=R_{51})$	$\dfrac{R_{41}R_{33}-R_{31}R_{43}}{R_{41}}(=R_{52})\cdots$	
…		……………………	
s^2	$R_{n-1,1}$　$\cdots$		
s^1	$R_{n,1}$　$\cdots$		
s^0	$R_{n+1,1}$　$\cdots$		

④以降はこの操作を繰り返します。

このようにしてラウス表を作成します。

系の安定判別は次の条件を満たすかどうかで判定します。

（1）係数 a_i がすべて正である［必要条件］。

（2）数列の要素 $a_{i1}(i=3, 4, \cdots)$ がすべて正である［必要十分条件］。

このほかに付帯事項として、

（3）第1列の係数の符号の変化の数は不安定根の数に等しい。

次の例題で具体的に説明します。

［例題B－1］

系の特性方程式が次のように与えられている。

$$s^5+3s^4+2s^3+4s^2+s+5=0$$

ラウス表を作成して、系の安定判別をしなさい。

［解答］

ラウス表は以下のようになります（表B－2）。上で説明した手順通りに計算して表を作成します。

表B－2　ラウス表の作成　その1

s^5	1	2	1
s^4	3	4	5
s^3	$\frac{2}{3}\left(=\frac{3\times2-1\times4}{3}\right)$	$\frac{-2}{3}\left(=\frac{3\times1-5\times1}{3}\right)$	
s^2	$7\left(=\frac{\frac{2}{3}\times4-3\times\left(\frac{-2}{3}\right)}{\frac{2}{3}}\right)$	$5\left(=\frac{\frac{2}{3}\times5-3\times0}{\frac{2}{3}}\right)$	
s^1	$-\frac{8}{7}\left(=\frac{7\times\left(\frac{-2}{3}\right)-\frac{2}{3}\times5}{7}\right)$		
s^0	$5\left(=\frac{\frac{-8}{7}\times5-7\times0}{\frac{-8}{7}}\right)$		

次に、安定判別します。

（1）数列の中に、負の要素 $\left(-\frac{2}{3}, -\frac{8}{7}\right)$ があるので必要十分条件は満たされません。

（2）第1列の係数に符号の変化があります。

$R_{41}=7\Rightarrow R_{51}=-\frac{8}{7}$ と $R_{51}=-\frac{8}{7}\Rightarrow R_{61}=5$ です。符号の変化の数は2つです。

したがって、系は2つの不安定根をもつので不安定です。

答：不安定

［例題B－2］

系の特性方程式が次のように与えられている。

$s^4+2s^3+3s^2+3s+3=0$

ラウス表を作成して、系の安定判別をしなさい。

［解答］

ラウス表は以下のようになります（表B－3）。同じように、上の手順通りに計算します。

表B－3　ラウス表の作成　その2

s^4	1	3	3
s^3	2	3	
s^2	$1.5\left(=\dfrac{2\times3-1\times3}{2}\right)$	$3\left(=\dfrac{2\times3-1\times0}{2}\right)$	
s^1	$-1\left(=\dfrac{1.5\times3-2\times3}{1.5}\right)$		
s^0	$3\left(=\dfrac{-1\times3-1.5\times0}{-1}\right)$		

これの安定判別をします。

（1）数列の中に、負の要素 －1があるので必要十分条件は満たされません。

（2）第1列に符号の変化（1.5⇒－1と －1⇒3）の数が2つあります。不安定根が2つ存在します。

したがって、系は不安定です。

答：不安定

［例題B－3］

図B－1に示す直結フィードバックが安定であるためのゲイン定数Kの条件を、ラウス表を作成して求めなさい。

ただし、Rは系の入力、Yは出力とする。

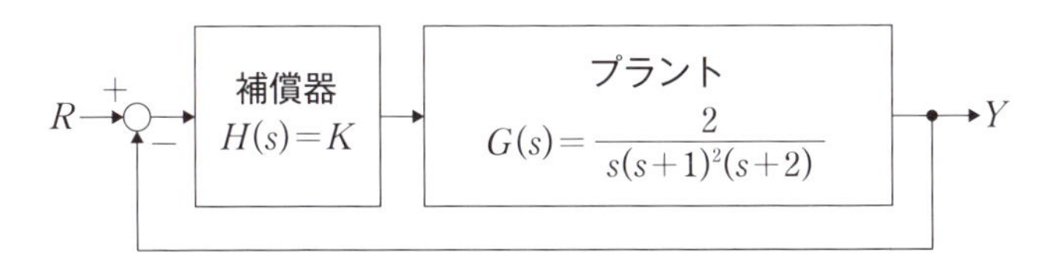

図B－1　直結フィードバックの安定判別

［例題B－3］

系の閉ループ伝達関数は、

$$W(s, K)=\frac{Y}{R}=\frac{G'}{1+G'}$$

となりま。ただし、$G' = K \cdot \dfrac{2}{s(s+1)^2(s+2)}$ です。

特性方程式を求めます。

$$W = \frac{\dfrac{2K}{s(s+1)^2(s+2)}}{1 + \dfrac{2K}{s(s+1)^2(s+2)}}$$

$$= \frac{2K}{s(s+1)^2(s+2) + 2K}$$

$$= \frac{2K}{s^4 + 4s^2 + 5s^2 + 2s + 2K}$$

これから特性方程式は、

$$s^4 + 4s^2 + 5s^2 + 2s + 2K = 0$$

が得られます。

ラウス表を作成します（表B－４）。

表B－４　ラウス表の作成　その３

s^4	1	5	$2K$
s^3	4	2	
s^2	$\dfrac{9}{2}\left(=\dfrac{4\times5-1\times2}{4}\right)$	$2K\left(=\dfrac{4\times2K-1\times0}{4}\right)$	
s^1	$\dfrac{2}{9}(9-8K)\left(=\dfrac{\dfrac{9}{2}\times2-4\times2K}{\dfrac{9}{2}}\right)$		
s^0	$2K\left(=\dfrac{\dfrac{2}{9}(9-8K)\times2K-\dfrac{9}{2}\times0}{\dfrac{2}{9}(9-8K)}\right)$		

系が安定であるためには、数列の要素がすべて正でなければなりません。

この条件を満たすためには、

$$2K > 0 \Rightarrow K > 0$$

$$\frac{2}{9}(9-8K) > 0 \Rightarrow K < \frac{9}{8}$$

です。したがって、Kの条件は、

$$0 < K < \frac{9}{8}$$

となります。

答：$0 < K < \frac{9}{8}$

付録C 熱電対

異種金属導線の両端を図C－１（A）のように接合して、両接合点に温度差を与えると、両端に熱起電力が発生し、回路に電流が流れます。この効果をゼーベック効果といいます。

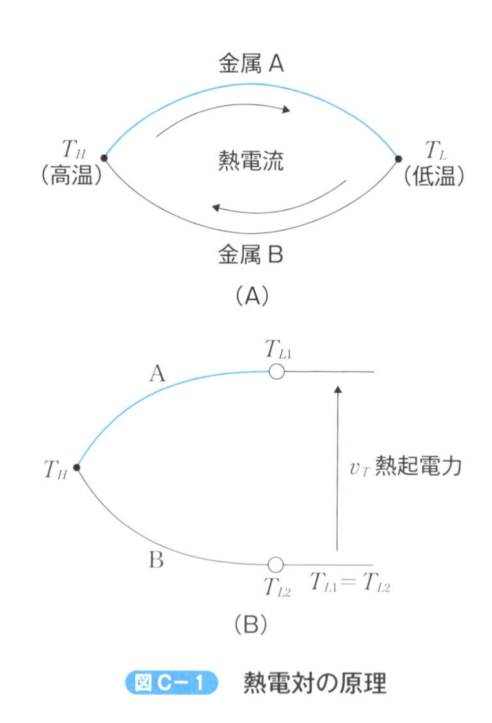

図C－1　熱電対の原理

図C－１（B）のように回路を切断すると、切断点に熱起電力が発生します。熱起電力 v_T は

$$v_T=f(T_H-T_L)$$

となり、両接点の温度差によって決まります。

したがって、一方の接点の温度を基準温度として熱起電力を測れば、他端の接点の温度を知ることができます。

本文の温度自動制御学習キットで使用した熱電対（写真C－１）は、まさに図C－１の原理を利用したものです。温調パネルの＋－端子に接続した熱電対のリード線の両端には起電力が誘起します。この起電力を温度調節器の内部で温度変換してパネルのディスプレイに表示していたわけです。

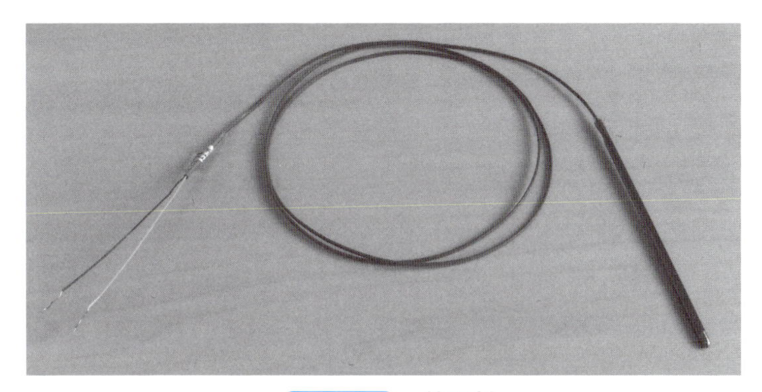

写真C－1　熱電対

熱電対には多くの種類（*K*、*J*、*R*、*S*、*T*など）があります。表C－1は代表的なものです。また、図C－2は熱電対の熱起電力特性の例です。

表C－1　熱電対の種類

熱電対の種類	材質		特徴
	＋	－	
K（*CA*）	クロメル （クロム10%と*Ni*の合金）	アルメル （アルミ2%と*Ni*の合金）	1000℃までの温度では最もよく使われる
J（*IC*）	鉄と微量元素	コンスタンタン （銅と*Ni*45%の合金）	*K*よりも安価で750℃以下の温度で使用する
R	ロジウム13%と*Pt*（白金）	*Pt*（白金）	白金を使っているため高価であるが、1000～1400℃の高温で使用できる

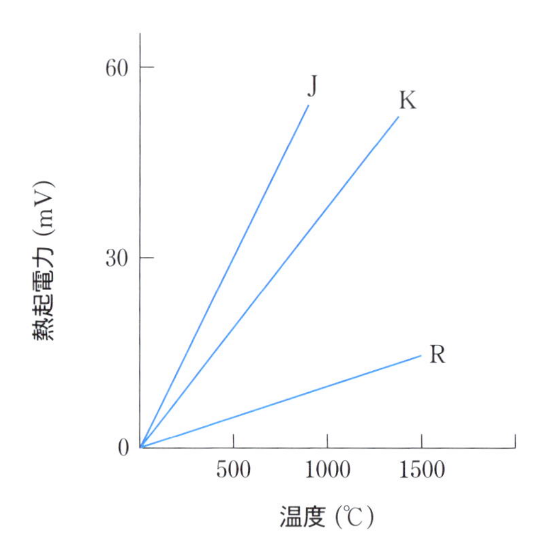

図C－2 熱電対の熱起電力特性の例

通常は、熱電対は補償導線を用いて延長して使用します。補償導線は熱電対とほぼ同様な熱起電力特性をもちます。図C－3は補償導線を使用した配線例です。

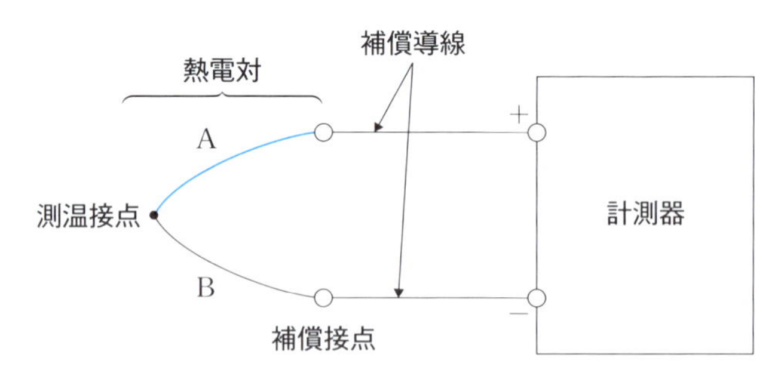

図C－3 補償導線を使用した配線例

索　引

L

N

O

P

R

S

T

ギリシャ文字

あ

い

う

え

お

か

き

く

け

こ

さ

し

す

せ

そ

た

ち

て

と

■著者紹介

臼田　昭司（うすだ・しょうじ）

1975年　北海道大学大学院工学研究科修了
1975年　工学博士
1975年　東京芝浦電気（株）（現・東芝）などで研究開発に従事
1994年　大阪府立工業高等専門学校総合工学システム学科・専攻科教授
2008年　大阪府立工業高等専門学校地域連携テクノセンター・産学交流室長、華東理工大学（上海）客員教授、山東大学（中国山東省）客員教授、ベトナム・ホーチミン工科大学客員教授
2013年　大阪電気通信大学客員教授＆客員研究員、立命館大学理工学部兼任講師
現在にいたる

専門：電気・電子工学、計測工学、実験・教育教材の開発と活用法

研究：リチウムイオン電池と蓄電システムの研究開発、リチウムイオンキャパシタの応用研究、企業との奨励研究や共同開発の推進など、平成25年度「電気科学技術奨励賞」（リチウムイオン電池の製作研究に関する研究指導）受賞

主な著者：『例題で学ぶ初めての電気回路』2016年、『例題で学ぶ初めての半導体』2017年、『例題で学ぶ初めての電磁気』（共著）2017年（以上、すべて技術評論社）　他多数

例題で学ぶ はじめての自動制御

2018年 1 月26日　初版　第1刷発行

著　者　臼田昭司
発行者　片岡　巌
発行所　株式会社 技術評論社
東京都新宿区市谷左内町21-13
電話　03-3513-6150　販売促進部
03-3267-2270　書籍編集部
印刷／製本　港北出版印刷株式会社

●装丁　辻聡
●組版＆トレース　株式会社キャップス
●編集　谷戸伸好

定価はカバーに表示してあります。

ISBN978-4-7741-9495-0 C3053
Printed in Japan

■お願い

本書に関するご質問については、本書に記載されている内容に関するもののみとさせていただきます。本書の内容と関係のないご質問につきましては、一切お答えできませんので、あらかじめご了承ください。また、電話でのご質問は受け付けておりませんので、FAX か書面にて下記までお送りください。

なお、ご質問の際には、書名と該当ページ、返信先を明記してくださいますよう、お願いいたします。

宛先：〒162-0846
東京都新宿区市谷左内町21-13
株式会社技術評論社　書籍編集部
「はじめての自動制御」質問係
FAX：03-3267-2271

ご質問の際に記載いただいた個人情報は質問の返答以外の目的には使用いたしません。また、質問の返答後は速やかに削除させていただきます。